JN103566

テレビリサーチャーという仕事

高橋直子
Takahashi Naoko

FACT
FAKE

青弓社

テレビリサーチャーという仕事　目次

第3章　テレビリサーチャー史

補論　「善良な風俗」って何だろう？
——放送法からコミュニケーション政策を知る

装丁——神田昇和

はじめに

テレビ業界には、番組制作で必要な「調べもの」をする「リサーチャー」という職業があります。書名に用いた「テレビリサーチャー」は、本書のための造語で、一般にはあまり使われていない呼称であることを、まずはお断りしなければなりません。

リサーチャー（researcher）とは、調査する人（調査員）、研究に従事する人（研究員・研究者）を意味していて、研究機関や金融系・マーケティング系の企業など、多岐にわたる職種にリサーチャーと称する仕事があります。ですから、「テレビリサーチャー」だとテレビ（というメディア）をリサーチ（調査）する仕事という意味にもとれるのですが、書名に「テレビ番組制作リサーチャー」では長すぎますし、「リサーチャー」だけでは何の職種かわからなくなってしまうので、次善の策で「テレビリサーチャー」としました。つまり、『テレビリサーチャーという仕事』とは、「テレビ番組制作のリサーチャーという仕事」を短縮したものです。

テレビのリサーチャーは裏方の仕事ですし、裏方のなかでも比較的新しい職業ですから、「テレビにリサーチャーという職種があること自体、知らなかった」という読者も少なくないことでしょう。そこで、まずはリサーチャーの仕事をイメージしてもらえるように、クイズを用意しました。図1をごらんください。

問題文は「「春告魚（ハルツゲウオ）」と呼ばれる春先が旬の魚はどれ？」」。選択肢は「サワラ」「キビナゴ」「マダラ」「ニシン」の四つです。正解はAのサワラ。「サワラは魚偏に春と書く、春が旬の魚です」という解説までがクイズの原稿です。

クイズ番組でのリサーチャーの仕事は、多くの場合、出題されるクイズのチェックです。どのようにチェックするのか——まず、各選択肢の名称と写真が一致しているかどうか、確認します。次に、問題文と正解の整合性を確認します。ここで「春告魚」について調べると、このクイズに不都合があることがわかります。

「春告魚」を国語辞典で引くと「ニシンの異名」とあります。春、ニシンは北海道の海に大挙してくることから、「春告魚」と呼ばれるようになりました。そして、そのように春の到来を感じさせる魚は日本各地にいて、東海・関東地方ではメバル、関西ではサワラ、瀬戸内海ではイカナゴを「春告魚」と呼んでいる——リサーチャーは、こうした事情を調べて制作サイドに伝え、選択肢の変更（ニシンやほかの「春告魚」と呼ばれている魚を外す）や問題文の変更（例えば、「「春告魚（ハルツゲウオ）」とも呼ばれる、魚偏に春と書く、春先が旬の魚は？」）を提案します。

リサーチャーは、基本的にクイズの作問はしません。右のように、番組が送出しようとする情報の確認（裏取り）をしたり、作問のために必要な情報を提供したりします。ほかのジャンルの番組

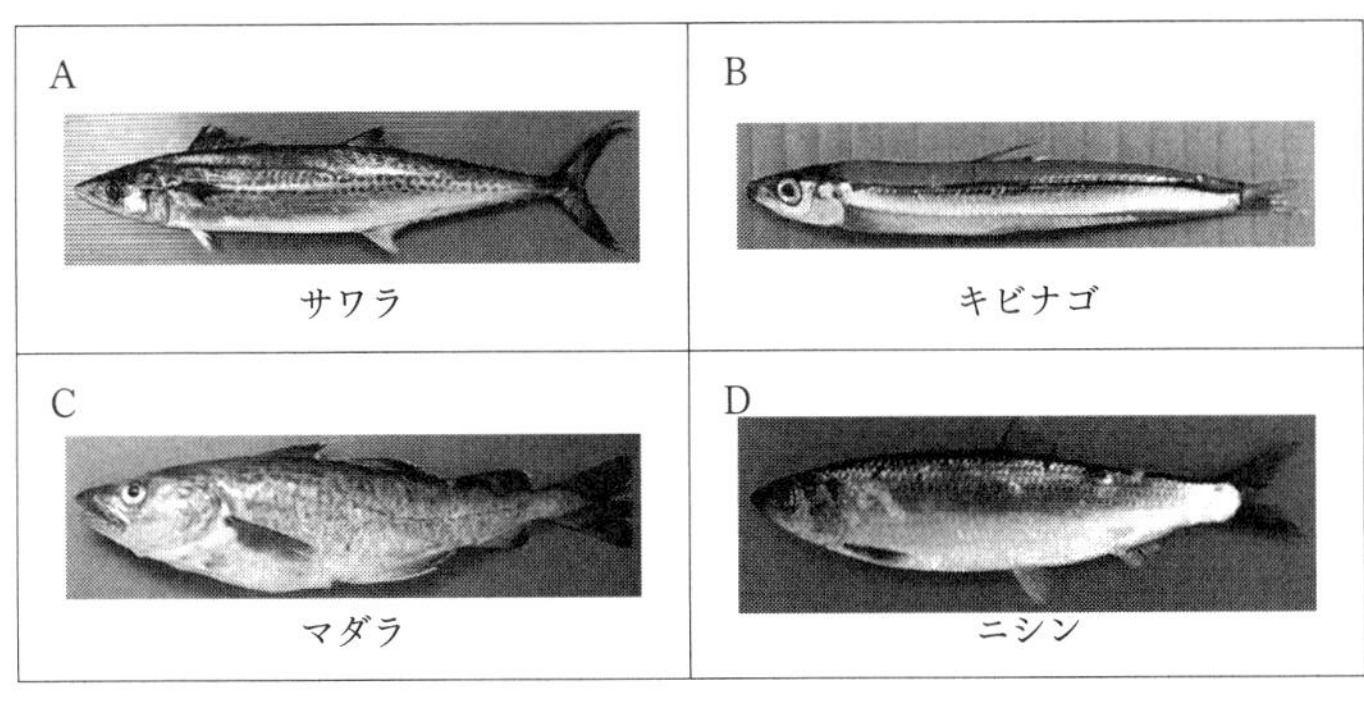

図1 「春告魚（ハルツゲウオ）」と呼ばれる春先が旬の魚はどれ？（筆者作成）
＊3秒後にテロップ（最初は写真だけ、3秒後にカタカナで名称が入る）

でも、リサーチャーの仕事の基本は、制作サイドが求める情報の提供と裏取りです。

テレビのリサーチャーは、一般にはあまり知られていない職業ですが、現在のテレビ番組制作にはなくてはならない存在になっています。情報バラエティー、教養、ドラマ、ドキュメンタリーなど、さまざまな番組の制作者（おもにプロデューサー・演出家）から依頼を受けて、企画・取材・編集など、制作過程で必要になる多種多様なリサーチ（情報の収集や調査・確認）を担当しています。

本書は、このリサーチャーという仕事を若い世代（大学生・高校生など）に紹介することを意図した、いわゆる（仕事）入門書ですが、「なるには本」のように就職に至るプロセスや方法に重点を置くものではありません。また、情報収集のテクニックや調べ方のノウハウなど、リサーチャーのワークスキルを紹介することを意図したものでもありません。

具体的なリサーチの仕方（第2章「テレビリサーチャーの仕事とは？」）、リサーチャーの適性やリサーチ会社の選び方（第

4章「テレビリサーチャーの育成と就職――インタビュー：喜多あおいさん」）にも言及しますが、本書は、リサーチャーの仕事をより多くの人に知ってもらい、その役割や意義から〈メディア〉〈情報〉〈コミュニケーション〉について考えることができる入門書を目指して「という仕事」としました。

仕事入門書でありながら、その仕事の立場から視野を広げることにしたのは、若い世代を読者に想定したからにほかなりません。近年、テレビ視聴のあり方が大きく変わっています。二〇二〇年三月に発表された「二〇一九年 日本の広告費」（電通による日本の総広告費と媒体別・業種別広告費の推定〔https://www.dentsu.co.jp/news/release/2020/0311-010027.html〕）では、インターネット広告費が初めて二兆円を超えて、テレビのそれを上回りました。また、新型コロナウイルスが引き起こしたパンデミックは、世界に、日常に、いや応もない変化をもたらしています。テレビというメディアを取り巻く環境も大きく変わってきています。テレビ番組制作の場で生まれたリサーチャーという仕事にも、当然ながら変化が生じています。いま、変化が進む側面は、数年のうちに（いまの高校生・大学生の読者が卒業する頃には）、これまでとはまったく違う様相を呈するかもしれません。一見、実用的・実践的であっても数年で変化する事柄の紹介に終始しては、読者が社会人になる頃には役に立たないものになりかねません。ですから、テレビが公共性の高い放送事業であるかぎり変わらない、変えられないリサーチャーという仕事の役割・意義の解説に重点を置くことにしました。

ところで、例えば○○大学△△学部××学科の学生に「あなたが所属する××学科のことを教えてください」と求めたら、受けている講義や教授・講師について、あるいは学生たちの雰囲気など、具体的に教えてくれることでしょう。では、「△△学部について教えてください」と求めたら、どうでしょう――たぶん、学生は戸惑います。同じ学部であればいろいろ見聞きすることがあるとはいえ、ほかの学科のことも含めて話すには、どうしても伝聞になりますよね。「△△学部について教えてください」という人は、何が知りたいのか――学部のキャンパス（所在地）？、規模？、偏差値？……と、逆に質問したくなるような答えにくさがあると思います。

　同じように、「あなたがリサーチしている仕事のことを教えてください」と求められたら、私は自分の仕事の範囲で具体的に答えることができます。ですが、「リサーチャー（業界）について教えてください」と言われると戸惑いを覚えます。二十年ほどリサーチャーをしているので、いろいろ見聞きすることがあるとはいえ、ほかのリサーチャーの仕事についてはあくまでも伝聞になります。一人のリサーチャーにすぎない私が、リサーチャーという職業全般について知っていること、判断できることはおのずと限られます。

　では、「リサーチャー（業界）について教えてください」というリクエストに応えるにはどうすればいいか――私はリサーチャーとして、またテレビを研究対象の一つにする研究者として、リサーチャーについてリサーチすることにしました。つまり本書は、若い世代に提出する「リサーチ報告」でもあります。

　本書は、リサーチャーの仕事の全体像をつかみ、その役割・意義から〈メディア〉〈情報〉〈コミユニケーション〉について考えられる入門書・リサーチ報告を目指しました。この企図から、ハイキャリアのリサーチャーにインタビュー取材しています。読者によっては、同年代のリサーチャーの声が聞きたいという要望もあるでしょうが、そのリサーチは、本書の企画意図と紙幅の都合で省きました。ですが、インタビューに応じてくださったリサーチャーの方々（菅將仁さん、成田慈子さん、高村敬一さん、喜多あおいさん）のご厚意で、大変に貴重な話をうかがうことができました。

「デマの拡散」「炎上」「メディア不信」――日常生活で接する〈情報〉に無頓着ではいられない今日、本書を手にした読者が〈情報〉を扱うリサーチャーの仕事から何らかのヒントを得て、〈情報〉に惑わされたり煩わされたりする不安にとらわれないすべをもつことができれば幸いと願い、報告します。

第1章　テレビリサーチャーって何？

1　テレビのリサーチとは

テレビをつけたら、人気俳優やお笑い芸人が談笑している。そこに「では、ここでこちらをごらんください」とアナウンサーが割って入って、ＶＴＲが流れる——普段、何げなく見ているテレビですが、一つの番組が制作・放送されるまでには、実に多くのプロフェッショナルが仕事をしています。

出演する芸能人（俳優、タレント、芸人など）、進行役を務めるアナウンサーはもちろん、彼らがいる空間（スタジオのセット）を作り上げる美術（大道具・小道具）、照明、音響、メイク、衣装、カメラ、編集、ディレクター、プロデューサー、構成作家など、（番組によって多少変わりますが）多種多様なプロフェッショナルの仕事によってテレビ番組は作られています。

出演者以外はいわゆる裏方の仕事ですが、右に挙げたような職種があることは、一般にも知られていると思います。これらの職種は収録スタジオにいるスタッフで（バラエティー番組などで、たまに出演者から言及されたり見切れたりすることもあるので）、テレビを見ていて、その画面の裏方の仕事としてイメージしやすいということもあるでしょう。

そう考えてみると、リサーチャーが一般にあまり知られていない理由は、単に裏方だからというだけでなく、その仕事がイメージしにくいということもあるのだろうと思います。テレビのリサーチャーを一言でいうと、番組の制作過程で必要になる「調べもの」を担当するスタッフということになりますが、その「調べもの」は番組ごとに多種多様ですし、番組によってリサーチャーの関わり方も違うので、一つのイメージでくくりがたいという事情があります。

例えば、冒頭の場面でいうなら、リサーチャーのおもな仕事はVTRのネタ提案です。そのネタが「（出演者の好物の）最新グルメ情報」のようなものであれば、ネタが決まった段階で仕事はおおむね終わりですが、国際情勢や経済、医療、歴史など専門的な知識を必要とするトピックを提供するVTRであれば、出演者の反応をフォロー（疑問・質問に答えるなど）するためにスタジオ収録に立ち会って、収録後に情報の確認や補足のための「調べもの」をするところまでリサーチャーが関わることになります。

このように一つのイメージでくくりがたいリサーチャーですが、一方で、ある一面にフォーカスされたイメージで語られることも少なくありません。「月刊広報会議」二〇一四年十月号の特集「テレビに取材される方法」に、「企業の話題も「ネタ」になる」「テレビに〝指名される〟には」という記事がありました。リードは以下のとおりです。

テレビに取り上げられる最短ルートは、ウェブ上の企業コンテンツの最適化にあった──。番組制作のネタ元として、ネットが重要な情報源となっている今。テレビのリサーチャーに指名される具体的なノウハウについて、専門家が解説する。
（「月刊広報会議」二〇一四年十月号、宣伝会議、一六ページ）

本文中には、次の記述があります。

テレビ局は、番組の企画を立てる段階で、リサーチャーと呼ばれる調査業者に依頼しているが、ほとんどのリサーチャーがまず利用するのはインターネットだ。複数のテレビ局で同じ〝衝撃映像〟や〝動物の動画〟が取り上げられるのは、こうした背景がある。「リサーチャーは、以前は国会図書館などを利用して文献を探していましたが、今や実態はほぼ『ネット検索業』。彼らにネタとして自社を見つけさせるためには、会社のHPやSNSをコンテンツとして最適化することが必要です」と〔専門家は：引用者注〕強調する。
（同誌一七ページ）

企業の広報戦略として、自社の商品をテレビでネタにしてもらうためのノウハウを解説するという記事ですから、念頭に置いているのは情報バラエティー番組でしょう。

新聞のテレビ欄（番組表）を見るとわかるように、情報バラエティーは放送量が多く、関わっているリサーチャーの数（人員）がおそらく最も多いジャンルです。このジャンルでリサーチャーに求められるリサーチはおおむねネタ探し（業界では「ネタ出し」といいます）で、そのツールとしてインターネットを利用しているのは事実です。ネット検索だけを担当するリサーチャーもいます。ですが、リサーチャー＝「ネット検索業」ではありません。

特定の条件下で「今や実態はほぼ『ネット検索業』」といわれる状況があるとはいえ、このジャンルの番組でもネット検索だけでは対応できないリサーチは発生します。また、ネット検索だけで情報収集が完結するにしても、収集した情報を精査して報告するまでがリサーチャーの仕事ですから、「ネット検索業」でありうるのは部分的なのです。

テレビ番組には、情報バラエティー、クイズ、教養、音楽、ドラマ、ドキュメンタリーなどがあって、その制作過程でさまざまな調べもの・探しものが必要になります。巷で話題の人やモノ、人気タレントの最新情報、（例えば、ドラマの設定にリアリティーをもたせるために特定の職業を対象にした）アンケート調査やインタビュー取材、必要とされる条件を満たすロケ地や出演者探し、また歴史・文学・経済・生物・科学などアカデミックな領域での情報収集など、テレビのリサーチは際限がないほどに幅広いものです。これらに対応するリサーチャーの仕事は一つのイメージでくくりがたいのですが、テレビのリサーチの特徴は、次のように説明することができます。

研究機関や企業のリサーチとテレビ番組制作のリサーチは、まったく別のものです。リサーチ＝調べるという行為は共通するとはいえ、前者のリサーチが〈調査・研究〉であるのに対し、後者のリサーチは〈取材〉に関わる調べもの・探しものです。

一般に、〈調査・研究〉の場合、調査対象に対して一つの知見・結論を導くまで調査・分析をして研究を重ねますが、テレビのリサーチは番組制作のための〈取材〉の一環ですから、放送日から逆算した制作スケジュールによって決められた期日（提出締め切り）までに結果を出さなければならないというのも異なる特徴です。

また、研究対象への専門知や分析の専門スキルが必要とされる〈調査・研究〉では、必然的に一人の研究者・調査員が対応する調査対象や分析方法は専門分野に応じて限定的です。それに対して、テレビのリサーチャーが調べることになる対象は実に多種多様です。

いま、リサーチャーが活躍するフィールドは拡張しています。さまざまなジャンルの番組でリサーチャーが求められるようになったというだけではありません。テレビ番組制作で培われたリサーチ力は、映画やウェブコンテンツ、企業コマーシャルなど、テレビ以外でも求められています。また、一部のリサーチ会社／リサーチャーによっては、ネタ出しや裏取りなどの従来の役割から派生して、番組の問題点を分析・指摘して対策や対案を示すコンサルティングのような役割も担うようになっています。

2 リサーチ会社の種類

日本のテレビ業界でリサーチャーが活躍し始めたのは一九八〇年代で、リサーチャーをチーム編

リサーチ会社とは？

番組制作スタッフ（テレビ局や番組制作会社）から依頼を受け、企画の下調べやネタ探しをおこなう専門業者。番組スタッフとして、企画段階から番組に関わることが多い。

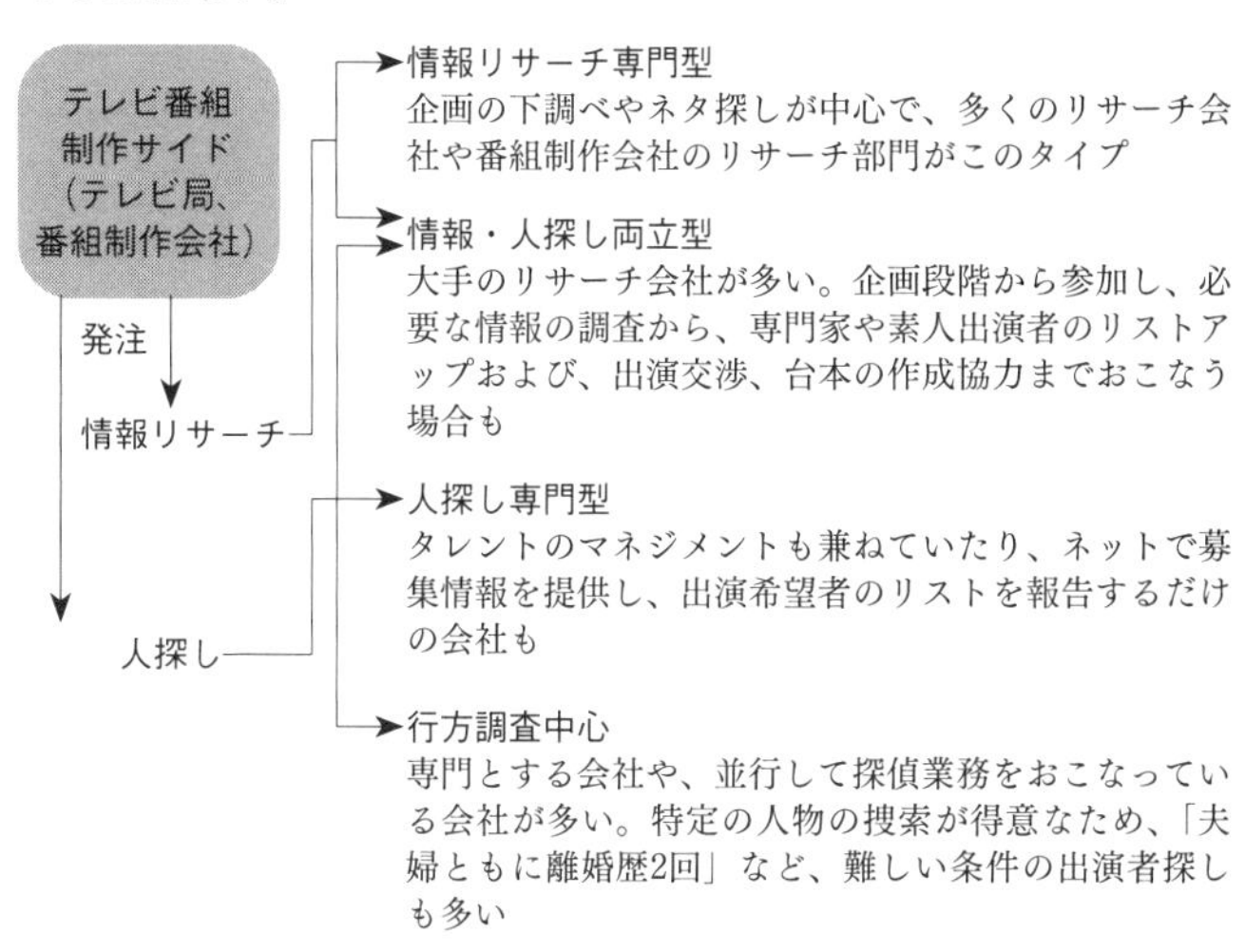

図2　リサーチ会社の種類
（出典：「日経トレンディ」2003年3月号、日経 BP、154ページ）

成する番組やテレビのリサーチを専門とする会社が現れました。九〇年代に入ってリサーチ会社が増え、専門職として確立します。

図2は、「日経トレンディ」二〇〇三年三月号に掲載された「Inside the Mass Media――テレビ番組のリサーチ会社」から抜粋したものです。テレビ業界でリサーチ会社と呼ばれる企業の分類として、わかりやすい概念図だと思います。ただし、「〇〇専門型」という言葉はちょっと強いかなと感じます。

また、「行方調査中心」は「並行して探偵業務をおこなっている会社が多い」と説明しているように、テレビの制作会社からも依頼を受けるという業態の調査会社なので、本書が念頭に置くリサーチ会社とは一線を画すものとします。これらを踏まえて整理すると、リサーチ会社は以下の三つのタイプに大別できます。

①情報リサーチ中心のリサーチ会社
②人探しを得意とするリサーチ会社
③どちらも引き受けるリサーチ会社

①情報リサーチ中心のリサーチ会社は、図2の説明にあるように「企画の下調べやネタ探しが中心で、多くのリサーチ会社や番組制作会社のリサーチ部門がこのタイプ」です。つまり、リサーチ会社全体からすると数が最も多いのが、この①タイプです。

「○○専門型」ではちょっと言葉が強いと感じたのは、①タイプのリサーチ会社でも取材対象者を探す場合があるからです。例えば、伝統野菜をテーマにした番組のリサーチを引き受けていて、「最近始めたばかりの若い生産者を番組に出したい」「ユニークな取り組みをしているベテランの生産者をスタジオに招きたい」などのリクエストがあれば、その条件を満たす生産者（出演者）を探すことになります。

しかし、言い換えれば、①タイプのリサーチ会社が対応できるのは、特定の企画に沿った取材対象者までです。いわゆる素人参加・発掘型番組の素人出演者を探すリサーチ（「人出し」ともいいます）には対応していません。

したがって、リサーチ会社は「人探し」をする（②③）／しない（①）によって二分されます。②人探しを得意とするリサーチ会社と③どちらも引き受けるリサーチ会社は、人探しの経験を積んだリサーチャーを擁し、そのノウハウと体制を整えていて、素人参加・発掘型番組の素人出演者を探すリサーチに対応しています。

②③タイプのリサーチでは、テレビ局や制作会社からの依頼（「国際結婚の夫婦」「プチ整形した小学生」「不眠症に悩んでいる女性」など）に応じて人を探し出し、出演交渉をして、出演の承諾が得られた人を「候補者」として報告します。報告を受けた制作スタッフがオーディションをおこなうのが一般的です。オーディションを経て出演が決定しても、リサーチ会社の仕事は終わりではありません。

「タレントと違って素人は管理するプロダクションもないため、出演者が遅刻したり現場に来なかったりといったことが起こりやすい」（リサーチ会社関係者）という。場合によっては収録に付き添ったり、収録中や収録後のトラブル処理も行うなど、プロダクションの役割を果たすこともある。

（「Inside the Mass Media――テレビ番組のリサーチ会社」「日経トレンディ」二〇〇三年三月号、日

経BP、一五四ページ）

記事は「素人出演番組が増えて募集条件も多様化したことで、専門のリサーチ会社が必要になったのだ」「〝ヤラセ〟に対する風当たりが強くなったことも要因」「キャスティング専門の会社がヤラセ抑制の役割を果たしているといえる」（同記事一五五ページ）と報じています。

詳しくは第3章「テレビリサーチャー史」第3節で述べますが、二〇〇〇年前後の一時期、リサーチャー＝「人探し」というステレオタイプなイメージが流布しました。この時期、素人出演番組が多かったことに加えて、出演した夫婦が実際は仕込みだったことが露見して番組が打ち切りになった『愛する二人別れる二人』（フジテレビ系、一九九八―九九年）が人々の耳目を集めたからです。

以上に引用してきた「日経トレンディ」二〇〇三年三月号が「テレビ番組のリサーチ会社」と題しながら素人出演者探しのリサーチについてだけ取材しているのも、リサーチャーのおもな仕事は「人探し」というイメージがあったこと、また「〝ヤラセ〟に対する風当たりが強くなったこと」で「ヤラセ抑制の役割」への期待が語られるようになったことが背景にあります。

次に、スコープという会社を取材した「DIME」二〇一二年十一月二十日号掲載の記事から、仕事の大まかな流れを紹介します。

1　テレビ局から仕事の発注

企画会議に出席し、発注を受ける。単純に制作サイドから、「こういう人を探して欲しい」と電話で依頼されることも。経験を積んだリサーチャーは、強い分野があるという。

2　情報が得られる場所をあたる

『都市データパック』のような地域情報を網羅した本や、地方紙や業界紙、また専門誌などでデータを収集。求めている人物の職業が決まっている場合は、職場やいそうな店舗を地道にあたることも。

3　普通の人からの一次情報を重視する

誰かのそっくりさんや大金持ちなどを探すには、一般の人への聞き込みが最も重要。口コミなど、噂レベルの情報が聞ければ大収穫。さらなる聞き込みで噂をたどっていく。

「すでに他の番組に出演したことがある人では意味がありません。地元で少し噂になっているくらいの人がちょうどいい。そういう人を探すには、一般の方々にあたって、一次情報をつかむことがなによりも大切です」

企画に合う人を見つけ出しても、スムーズに出演してくれるとは限らない。相手との信頼関係を築くために、共通の話題でコミュニケーションをとったり、時には相談に乗ることも。

「リサーチは個人情報を慎重に扱うことが大事です。それに配慮することで、仕事を通じて全国の人々と信頼関係を作ることができ、そのネットワークで世に出ていない情報を収集できるのです」

（「ＤＩＭＥ」二〇一二年十一月二十日号、小学館、三七ページ）

このように、素人参加・発掘型番組の素人出演者を探すリサーチは、時間と労力を非常に要します。そのため、人物キャスティングを専門的におこなう会社か、規模が大きい会社でなければ対応できないため、「人探し」をする（②③）／しない（①）という二分が生じるわけです。

①情報リサーチ中心のリサーチ会社は、制作会社のリサーチ部から派生した会社や構成作家を核とする会社など、ある程度規模が大きいところから、キャリアを積んだリサーチャーが独立して立ち上げた小規模なところまで、あまたあります。ただし、新卒採用があるのは、ある程度規模が大きい会社に絞られるでしょう。

3 雇用形態と賃金・報酬

リサーチャーという仕事で収入を得ている人々の働き方、雇用・契約形態はさまざまです。ちょっとややこしいので、まずはリサーチャーの職場を挙げてみましょう。

・リサーチ会社

・テレビ局内のスタッフルーム
・制作会社
・自宅

リサーチ会社の正社員ならば、おもに会社で仕事をして、会社から月給が支払われます。リサーチ会社の求人情報を見ると、だいたい月給二十万円くらいからスタートするようです。もちろん、キャリアを積むと昇給します。

リサーチ会社で仕事をしていても社員ではない、というリサーチャーも多くいます。リサーチ会社が特定の番組や労働条件でフリーランスのリサーチャーを雇用する場合があるからです。リサーチ会社で仕事をしていても社員とはかぎりません。

また、リサーチ会社の社員でも、その会社内で仕事をするのではなく、テレビ局内の番組スタッフルームで仕事をするリサーチャーもいます。情報番組などでリサーチャーの常駐を依頼されたリサーチ会社が、リサーチャーを派遣する形態です。

以上は、制作会社からリサーチ会社にリサーチ依頼があり、その依頼に対応するリサーチャーに賃金が支払われるというフローです。

リサーチ会社と雇用関係がないフリーランスのリサーチャーは、制作会社からリサーチ依頼を直接受けます。この場合、担当する番組の制作体制によっては制作会社で仕事をすることもありますが、たいていは自宅が仕事場になります。私はこの形態ですが、こうしたリサーチャーがどのくらいいるのか、どのくらいの平均年収になるのか、人数や金額はまったくわかりません。リサーチャーの不文律で、他人に報酬や契約料（ギャラ）を聞くことはしませんし、自分のギャラを他言することもありません。ときどき、リサーチャー以外の人に「それでいくらくらいもらうの？」などと尋ねられることがありますが、私はこれまで一度も金額を答えたことはありません。守秘義務の範囲と考えるからです。

「日経エンタテイメント！」二〇一二年三月号（日経ＢＰ）所収の「リサーチャーリサ子が見た！業界のお値段 Vol.35」によれば、「一時間番組のリサーチャーのギャラ　五万円〜五十万円」（同記事一〇〇ページ）。リサ子さんはこの金額について一切説明していませんし、これが現在の平均であるかどうかも不明ですが、おそらくリサーチャー一人当たりの金額ではなく、制作費からリサーチに対して支払われる金額だろうと思います。

放送局や制作会社からリサーチ依頼を受ける、その条件はリサーチ会社でも個人でも同じです。ですから、この金額の幅は、必要とされるリサーチの作業量や番組に拘束される期間といったリサーチャーにとってのコストに対応すると考えられます。番組内容によって必要なリサーチの質・量はまちまちですから、それへの対価に幅が生じるのです。大手リサーチ会社なら、あるいはベテランリサーチャーなら五十万円、駆け出しのリサーチャーなら五万円というようなことではありません。

言い換えれば、一件のリサーチの対価は、ベテランと駆け出しで大差はありません。リサーチャーに限ったことではなく、ほかの多くの職業と同じように、仕事に熟達すると作業効率が上がりますから、多くの仕事を引き受けられるようになります。確かな仕事をすれば、依頼は増えます。たくさん仕事をすれば、収入も増えます。当たり前ですが、仕事を怠れば、収入はなくなります。

4　リサーチャーになるには

リサーチャーの仕事をしたいとなれば、リサーチャーを募集している会社に応募することがファーストステップになるでしょう。一般に、応募書類を送って、書類選考が通れば試験・面接と進みます。「採用されるにはどうすればいいの？」——そう思う人に、参考になる記事を見つけました。「オレンジページ」一九九八年五月十七日号の「仕事拝見！」で、「番組リサーチャー」として吉本珠代さんが取材に応じた記事の一部を紹介します。

応募書類を提出するとき、吉本さんは「どのようにしたら自分を印象づけられるだろうか」と考えました。提出することになっていた課題は「今、興味を持っていること」。

「これは、普通に作文を書くよりも、自分の興味を視覚的にわかってもらったほうが絶対にいい！と思ったので、長い文章ではなく、興味があることを個条書きで百項目ほど挙げました。たとえば、『マンションのグレードはどのようにして決まるのか』とか『北朝鮮のマスゲームはどうやって練習するのか』などと。こういうことって、一見どうでもいいようなことですけれど、意外に知られていないでしょう？」

この作戦は大成功で、吉本さんは、無事採用となりました。

（「仕事拝見！」「オレンジページ」一九九八年五月十七日号、オレンジページ、八九ページ）

採用試験の課題は会社によっていろいろでも、その課題で会社側が見たいのは、リサーチに必要な発想力や思考力です。私の場合（吉本さんのように課題の内容をしっかり記憶できていないのですが）、マインドマップを書くような試験で、担当者から発想力・思考力を測るのだとはっきりと告げられました。

入社して仕事を始めると、提出期限までに納得がいくリサーチをすることの難しさを実感します。基本的に、リサーチする時間が十分に与えられることは少なく、百本ノックを繰り返しているような気がしてきます。吉本さんは記事のなかで、「ちょうどスタートダッシュを何度も繰り返すようなもの」（同記事八九ページ）と表現されています。

どんな仕事も楽ではありませんが、リサーチャーはなかなか過酷な労働です。辞めていく人も少なくありません（私も辞めたことがあります）。それでもリサーチャーを続けられる理由、その魅力を、吉本さんは次のように話しています。

リサーチャーのおもしろさはなんといっても「それまで自分が知らなかったことを知る喜び」だそう。

「たとえば忙しいときに『てんてこまい』というでしょう？　この語源は、通説には江戸時代の『てこ舞』という踊りからきたといわれているんですが、調べてみたら、太鼓に合わせて踊る『てんてん舞』がルーツでした。どうでもよさそうなことだけど、自分で調べあげて事実にたどりついたときは、うれしいものなんですよ」

テレビのリサーチの場合、単に「事実を探る」だけでなく、さらにそれが、画面にして見ごたえのある「絵（ママ）になるか」まで考えなくてはなりません。てんてこまいの場合も、「音」や「踊り」の要素まで探り当てたから、ぐっと楽しい画面になりました。そんなときこそ、リサーチャーとしてやりがいを感じる一瞬。この手ごたえがあるから、また新たな仕事への意欲がわいてくるのです。　（同記事八九ページ）

「現代」二〇〇〇年四月号の野々山義高さんの連載「テレビ業界用語辞典」では、人探しを得意とするリサーチャーが取材に応じています。

やりがいを感じるのは？

「やっぱり、いいネタを仕込めたときですね。せっぱ詰まるときもありますが、穴だけはあけないと自分に暗示をかけて乗り切る。で、企画通りの人を見つけられたときは、やった！と喝采します。それが一番のやりがいですね」

（「テレビ業界用語辞典」「現代」二〇〇〇年四月号、講談社、七三ページ）

リサーチャーが語るリサーチの「やりがい」に共感できるか、できないか――リサーチャーに向いているか否かを自己判断する一つの基準になると思います。

たまに「芸能人に会ったりするの？」と聞かれることがあります。「ある」と答えるとうらやましがられますが、うらやましがる人が想像するような「喜び」は、正直なところリサーチャーの仕事にはありません。収録や打ち合わせなどの場で、リサーチャーとして出演者からの質問に答えることがありますが、想定外の質問があると短時間で正確なリサーチをして回答しなければなりませんから、「喜び」を感じる余裕も暇もありません。

芸能人に会ったりすることは、リサーチャーの仕事のモチベーションにはならないと思います。そもそも出演者と接する機会は少ない職種ですし、芸能人に会うことをモチベーションにしたい人・できる人は、ほかの職種を選んだほうがいいでしょう。

第2章　テレビリサーチャーの仕事とは？

1　リサーチの依頼を受ける

リサーチャーの仕事は、番組制作者からリサーチの依頼を受け、リサーチして、情報・資料を提供することの繰り返しといえます。受注・リサーチ・報告という一連の仕事で、最も時間を要するのはリサーチと資料作成ですが、最重要ポイントは受注の段階にあります。

リサーチャーの仕事の出来／不出来は、受注の段階で依頼者の要望を的確に把握できるか否かで決まるといっても過言ではありません。どんなに詳しく調べたとしても、とびきりユニークな話題をキャッチできたとしても、依頼者が求める情報・資料でなかったなら、その仕事は失敗です。

リサーチの依頼は、打ち合わせなどの対面の場合もあれば、電話やメールで受けることもあります。私の場合（ですが、大方のリサーチャーがしていると思います）、依頼内容を聞きながら／読みながら、依頼者の要望に応えるために必要な作業・段取り（最初に何を確認するか、どこから調べるか、など）をイメージします。うまくイメージできない場合、依頼者に質問して、追加の説明を求めたりします。ここで依頼者の要望を取り違えないことが重要ですし、適確に作業時間を見積もって、できるかぎり無理がない提出期日で合意したいからです。また、三日後、一週間後など、提出期日が依頼の条件に含まれている場合は、依頼者が必要とするリサーチ内容（項目）のプライオリティ

図3 『世界遺産』（1シーンから）© TBS テレビ
『世界遺産』（TBS 系、1996年―、毎週日曜日18時―18時30分）：1996年4月から放送の紀行・ドキュメンタリー番組。映像美・映像技術の評価が高く、数々の受賞歴がある。2019年には日本地理学会賞（社会貢献部門）（2018年度）を受賞。社会貢献部門でのテレビ番組の受賞は初めてのことで、「地理学的な知識の普及に大いに貢献している」と評価された

ー（優先順位）を確認することもあります。

さて、このように説明しても、どんな依頼があって、どう調べて、どんな資料を提出するのか、具体的な例がないとわかりづらいことでしょう。そこで、『世界遺産』（ＴＢＳ系、一九九六年―、毎週日曜日十八時―十八時三十分）を制作するＴＢＳスパークルに協力していただきました。『世界遺産』を事例として、受注・リサーチ・報告について、本節と次節で説明します。

『世界遺産』の開始当初はディレクターとして、のちにプロデューサーとして、二十年以上にわたって制作に携わり、現在はエグゼクティブアドバイザーを務める髙城千昭さんに、番組が求めるリサーチ資料についてうかがいました。読みながら、自分ならどう調べて、どんな資料を作成するか、イメージを膨らま

せて考えてみてください。
経緯はのちに述べますが、『世界遺産』でリサーチ資料の作成を最初に担ったのは、リサーチャーではなく、世界遺産マニアの大学生だったという事実があります。「テレビの現場を知らないから無理」などと臆せずに、トライしてみましょう。

髙城千昭　世界遺産とは、世界遺産条約に基づいて「世界遺産リスト」に登録されている不動産ですから、まずはそのエリアがどこのどの範囲で、そのエリアのなかにどういうものが構成資産として入っているかという基本的なデータが必要です。それを知らないことには、これが世界遺産ですよ、という紹介ができないわけですから。普通のテレビ番組であれば、ディレクターやプロデューサーが面白い、珍しいと思うネタをアトランダムに取り上げていけばいいのですが、『世界遺産』の場合は、どこの何が世界遺産か、まず知ることから始めないといけない。撮影場所、撮影ポイント、撮影内容を恣意的に決められないので、とにかく、まず一次資料を作ってほしいというのがベースですね。
それともう一つは、世界遺産に登録されるには、十の登録基準（クライテリア）のうち一つ以上を満たす必要があります。何番の登録基準によって、何が評価されたのか、その登録理由を知らないことには、不動産（自然や文化財など）である世界遺産はこんなに素晴らしいものですよ、と紹介することができない。だからエリアのなかに含まれる構成資産のうち、何が十

ある基準に該当して、どこが素晴らしいと評価されているのか、レポートにきちっと書いてもらいたい。ディレクターがロケに行く前に、基礎情報として最低限そこだけは知らなければならない。その点を押さえてもらうのがいちばん重要なので、それに基づいたレポートを作ってもらいたいということですね。

一例として、古典的なクイズ「京都の町は世界遺産か？」――そうだと思う人も少なくないかもしれませんが、実は京都の町が世界遺産になっているわけではありません。「古都京都の文化財」という正式なサイト名が示すとおり、十七の歴史的な建造物が世界遺産。つまり、二条城、清水寺、金閣寺、上賀茂神社などの敷地の範囲が世界遺産なので、それを知らずに世界遺産ではないところを取り上げても仕方がない。だから、まずエリアはどこで構成資産は何かをきちんとレポートしてほしいわけです。それから、京都だと登録基準（ⅱ）と（ⅳ）で評価されていて、（ⅱ）では、東西文化、アジアやヨーロッパとの交流のなかで一つの日本らしい〝和様〟が生み出され、それが日本各地に伝えられたという要素を物語る物件が選ばれているということ。（ⅳ）は、時代ごとに建築や庭園が発展してきたことがポイントで、寺にしても神社にしても、それぞれの時代を代表していて、その時代性が顕著であるということ。この二つの登録理由に対して、十七の寺・神社・城がどう適合しているか。どのような形、できあがりをしているか、それを知りたいわけです。

見せるべきものは何か、訴えるべきものは何かという番組の根っ子に、世界遺産の登録理由が厳然としてある。そこがほかの番組とはちょっと違うところかもしれないですね。「面白ければいい」ではすまないところがあるので。

しかし難しいのは、だからといって、世界遺産としての基礎情報だけでは物足りない！　そのうえに個別の、金閣寺なら金閣寺の、二条城だったら二条城の、どんなところが面白いのか、プラスアルファの見せどころ——ユニークな視点や驚きのエピソード、新たなネタがほしい。プラスアルファを書き加えてもらえると理想です。

リサーチ資料は、ナレーションを書くうえでも大事で、とても役に立ちます。建物であれば歴史的背景、地形なら成り立ち、あるいは関わった人の思い、そういうことも重要です。やっぱり、そうした背景や由来を知ったうえでの原稿は、ふくよかで「世界遺産はこんなに素晴らしい」と伝えられると思うので。

中野京子さんの本に「怖い絵」シリーズ（二〇〇七年以降、複数の出版社から刊行）ってあるじゃないですか。確かに、絵の裏側を知るとずっと怖い。学校の先生は、絵は見て感じなさい、資料を読んだりして知識を詰め込んで見るものではなくて、素直に絵そのものと対峙するといいところも悪いところも見えてくるなんて言うけれども、怖い絵のようなものは、絵の歴史的背景に何があったか、こんな事実が隠されていたと知ると一層怖くなる。世界遺産も同じことで、ディレクターが現場に行って、ふっと見てステキだ、立派だとか、何か変だなとか、臨場感・実感は大事なんだけど、例えば、ベルサイユ宮殿だって、ただ華麗なだけではないでしょう。そこには暗い歴史も秘められていて、やがてはフランス革命で略奪されていく運命にもあって。

民芸運動を牽引した柳宗悦は「見て知りそ、知りてな見そ（見て知れ。知ってから見るな！）」と言うけれど、世界遺産は必ずしもそうじゃない。見ただけではわからない物件もある。もし、後世の人が原爆ドームをまったく何も知らないで見たら？――やっぱり、広島に原爆が落ちた事実を前提に見るから胸を打つものがあるのであって。だから、リサーチでは、その場所に何があって、なぜいまそんな形をしているのかをきちっと調べてレポートを作成してもらいたいですね。

2 リサーチ資料の作り方・使われ方――『世界遺産』の場合

さて、作成する資料のイメージはできましたか？　次に、私が実際に『世界遺産』に提出しているリサーチ資料を紹介しますが、その前に、リサーチャーが作る資料について説明します。

リサーチャーが依頼に応じて作成・提出する資料は、「レジュメ」と呼ばれます。その原義（résumé 要約、大意）のとおり、さまざまな情報をわかりやすく、コンパクトにまとめることが望ましいものです。

とりわけ、情報番組やバラエティー番組では、まずもって端的なレジュメが好まれます。数多くの情報バラエティー番組でリサーチを担当する喜多あおいさんは、自社のスタッフに「レジュメは読まれないものと思って作りなさい」と言っています。ディレクターの多くはレジュメを読まない。実際、あるディレクターから「レジュメなんか読まないからさ」と言われたことがあると、著書『必要な情報を手に入れるプロのコツ』(〔祥伝社黄金文庫〕、祥伝社、二〇一八年)で述べています。多忙なディレクターの多くは、レジュメを「読む」のではなく「見る」。ですから、「見る」タイプの人たちにも目に留めてもらえるようなレジュメであることが重要になってきます。この「見せる資料」を作るためのテクニックを知るには、喜多さんの著書『勝てる「資料」をスピーディーに作るたった1つの原則』(〔マイナビ新書〕、マイナビ、二〇一五年)が参考になります。

本章冒頭で、リサーチャーの仕事は、番組制作者からリサーチの依頼を受け、リサーチして、情報・資料を提供することの繰り返しと述べましたが、依頼内容は番組によってさまざまですし、番組の制作段階によってもニーズが変わります。企画段階で、詳しい情報を省いてネタ案をコンパクトにまとめたレジュメが求められる場合もあれば、一つのテーマを掘り下げるための詳細な情報が求められる場合もあります。テーマに関する最新の資料を読み込みたいという要望ならば、レジュメを作るのではなく、書籍や記事のコピーをとりまとめて速やかに渡すほうが親切な対応になることもあります。放送間近の仕上げの段階で、情報の確認や補足が目的のリサーチ依頼であれば、ともかく素早く返答したほうがいいので、ポイントを押さえた端的なレジュメと裏付けになる資料を合わせて提出するという対応もあります。

『世界遺産』の場合、「レポート」が読まれます。ディレクターの杉井真一さんに「リサーチ資料はどのように活用していますか？」と尋ねたところ、以下の答えをいただきました。

杉井真一　過去の同録（放送されたVTR）を見て、そのあとにレポートを読んで、そこからいろんな取材先を考える、おおもとの資料というイメージです。特に海外取材の場合、日本で調べてもほとんど情報が出てこないことが多いですし、現地のコーディネーター〔現地での事前リサーチや取材申請、通訳などを担当するスタッフ：引用者注〕も行ったことがない場所だったりすることもあるので、「浦野レポート」は現地の情報を集めるきっかけ、手段になっている感じですね。

『世界遺産』は当初、ディレクターが自ら調べて取材する体制でした。ディレクターの負担を軽減することを考えた当時のプロデューサーの大野清司さんが、世界遺産をマニアックに紹介する浦野喬さんのウェブサイトを見て、資料作成を依頼しました。その頃、浦野さんは大学生で、卒業後は編集者になりますが、近年までリサーチ資料を提供していて、その資料は番組スタッフ間で「浦野レポート」と呼ばれています。

「浦野レポートって、普通のテレビ番組で出したら怒られる（笑）」とは、髙城さんの口から出た一言ですが、確かにレジュメが主流のなかにあって『世界遺産』が求める「レポート」の質・量は珍しいものです。文字情報を中心に写真や地図なども含めて、A4サイズで平均二十五ページ程度になります。私の知り合いに、リサーチャーになりたての頃、ディレクターから「学生のレポートじゃねぇんだ！」と怒鳴られ、資料を床に投げつけられた、という体験の持ち主がいます。内容が悪かったのではありません、ディレクターは資料を見て、読まずに怒鳴ったわけですから。リサーチ資料は、内容はもちろん、その形式・構成も依頼者の要望に対応していなければならないということです。『世界遺産』の要望は、世界遺産としての基礎情報や構成資産の見どころ、その歴史的背景など「きちっと調べ」た「資料を作ってほしい」ということですから、必然的に分量も読み応えがある「(浦野) レポート」になるわけです。

現在、浦野さんが仕事の都合で『世界遺産』への資料提供を休止しているため、月に一、二本、私が作成しているリサーチ資料の基本構成は以下のとおりです。

【登録理由・評価基準】【MAP】【物件概要】【基礎情報 Introduction】【見どころ＋ネタ（案）】【監修者候補】

この構成は、依頼者の要望を反映したものですが、ほぼ作業手順どおりになっています。この順番で進めるべき、ということではなく、あくまで私の場合はこの順番で資料作成しているということで、参考までに順を追って説明します。

リサーチ依頼を受けたら、まずユネスコ世界遺産センター（UNESCO World Heritage Centre）の公式ウェブサイトにアクセスします。The List から依頼された世界遺産（登録サイト）のDescription を開いて、サイト名（登録サイトの正式名称）、登録年、登録理由を確認、英文なので和訳して【登録理由・評価基準】をまとめます（図4）。

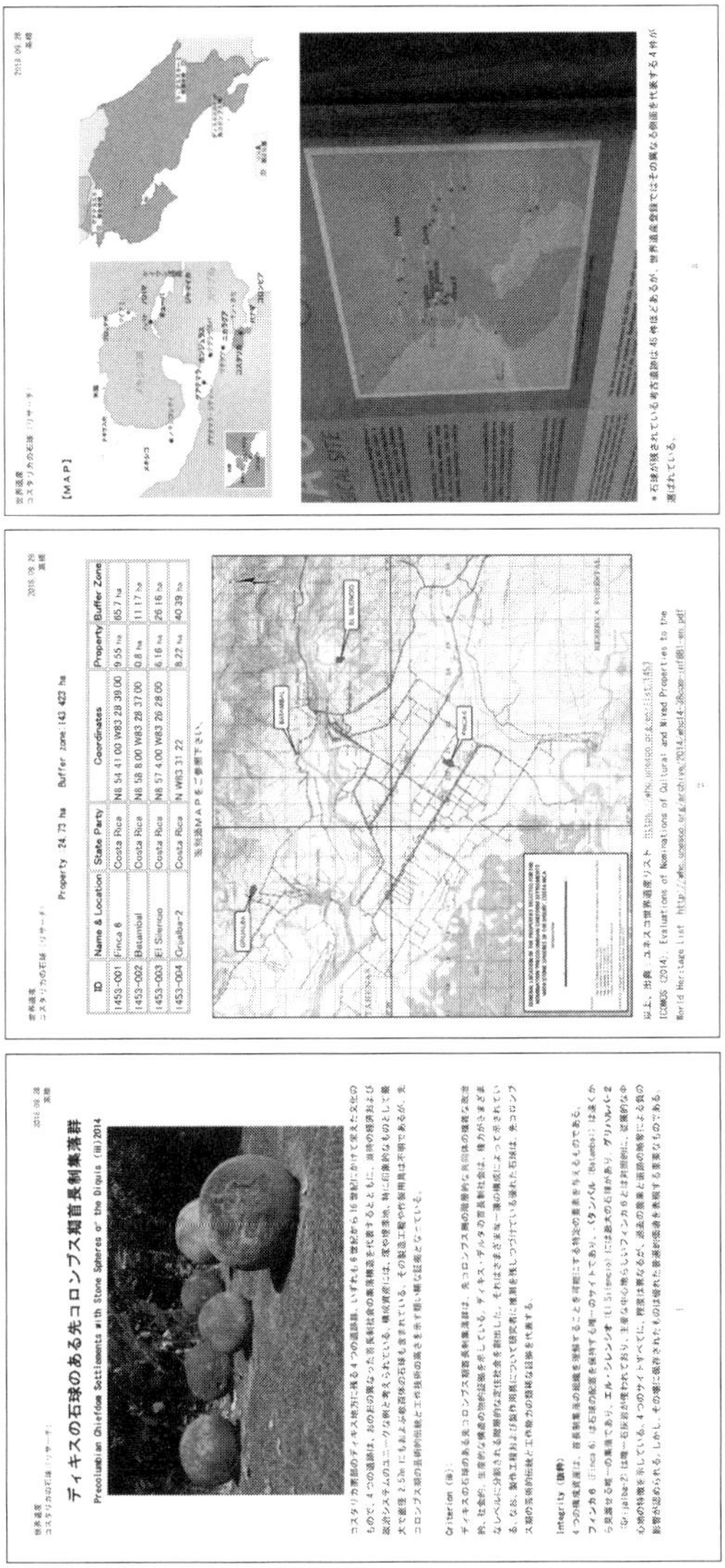

世界遺産
コスタリカの石球（リサーチ）
2018.09.28

ディキスの石球のある先コロンブス期首長制集落群

Precolumbian Chiefdom Settlements with Stone Spheres of the Diquís (iii) 2014

コスタリカ南部のディキス地方に残る4つの遺跡群。いずれも6世紀から16世紀にかけて栄えた文化のもので、4つの遺跡は、おのおの異なった首長制社会の集落構造を代表するとともに、当時の経済および政治システムのユニークな例と考えられている。構成資産には、塚や埋葬地、特に印象的なものとして最大で直径2.57mにもおよぶ球体の石球も含まれている。その製造工程や作製用具は不明であるが、先コロンブス期の芸術的伝統と工作技術の高さを示す類い稀な証拠となっている。

Criterion (iii):
ディキスの石球のある先コロンブス期首長制集落群は、先コロンブス期の階層的な共同体の複雑な政治的、社会的、生産的な構造の物的証拠を示している。ディキス・デルタの首長制社会は、権力がさまざまなレベルに分割される階層的な定住社会を創出した。それはさまざまな一連の構成によって示されている。なお、製作工程および製作用具について研究者に推測を残しつづけている優れた石球は、先コロンブス期の芸術的伝統と工作能力の類稀な証拠を代表する。

Integrity（振幹）
4つの構成資産は、首長制集落の組織を理解することを可能にする特定の要素を与えるものである。
フィンカ6（Finca 6）は石球の配置を保持する唯一のサイトであり、**バタンバル**（Batambal）は遠くから見渡せる唯一の集落であり、**エル・シレンシオ**（El Silencio）には最大の石球があり、**グリハルバ-2**（Grijalba-2）は唯一石灰岩が使われており、主要な中心地らしいフィンカ6とは対照的に、従属的な中心地の特徴を示している。4つのサイトすべてに、程度は異なるが、過去の農業と盗掘の略奪による負の影響が認められる。しかし、その場に保存されたものは優れた普遍的価値を表現する重要なものである。

1

世界遺産
コスタリカの石球（リサーチ）
2018.09.28

Property :24.73 ha　Buffer zone:143.423 ha

ID	Name & Location	State Party	Coordinates	Property	Buffer Zone
1453-001	Finca 6	Costa Rica	N8 54 41.00 W83 28 39.00	9.55 ha	65.7 ha
1453-002	Batambal	Costa Rica	N8 58 8.00 W83 28 37.00	0.8 ha	11.17 ha
1453-003	El Silencio	Costa Rica	N8 57 4.00 W83 26 28.00	6.16 ha	26.16 ha
1453-004	Grijalba-2	Costa Rica	N W83 31 22	8.22 ha	40.39 ha

※別添MAPをご参照下さい。

以上、出典：ユネスコ世界遺産リスト https://whc.unesco.org/en/list/1453
ICOMOS (2014). Evaluations of Nominations of Cultural and Mixed Properties to the World Heritage List http://whc.unesco.org/archive/2014/whc14-38com-inf8B1-en.pdf

2

世界遺産
コスタリカの石球（リサーチ）
2018.09.28

【MAP】

＊石球が残されている考古遺跡は45件ほどあるが、世界遺産登録ではその異なる側面を代表する4件が選ばれている。

3

図4　『世界遺産』リサーチ資料（ディキスの石球のある先コロンブス期首長制集落群、筆者作成）

次いで、Maps を開いて、エリア（資産〔Property〕と緩衝地帯〔Buffer Zone〕）を確認し、また Documents を開いてノミネーションファイルや ICOMOS のレポートをダウンロードします。【MAP】はノミネーションファイルに掲載されているマップを転載、あるいは、よりわかりやすく見やすいマップを観光局のウェブサイトなどから借用して作成しています。

それから、無料ウェブ百科事典「コトバンク」（朝日新聞社〔https://kotobank.jp/〕）を活用して、「世界遺産詳解」（講談社〔https://kotobank.jp/dictionary/worldheritage/〕）で当該サイトの解説を引き、【物件概要】に転載します。また、百科事典類で構成資産に関わる固有名詞（地名や人名、担い手となる民族など）や「○○文化」といった用語の定義を確認します。

その後、国立国会図書館と東京都立中央図書館の蔵書検索をして、欲しい情報が得られそうな資料を探ります。そして、どちらの図書館に先に行くかを決めます。気になる論文が複数ある場合、先に国立国会図書館へ行きますが、そうでなければ、セルフコピーが可能な（不可の資料もありますが）東京都立中央図書館へ行きます。

図書館では、事前に検索した資料を読んで、その参考文献などを手がかりにさらに資料を探り、当該サイトの地理的・歴史的・文化的背景や構成資産の詳細な情報を収集して、そのコピーを入手します。また、ルーティンで『世界遺産事典』（シンクタンクせとうち総合研究機構、二〇〇三年―）や『世界遺産百科――全981のユネスコ世界遺産』（ユネスコ、日高健一郎監訳、柊風舎、二〇一四年）などの解説も入手します。

【物件概要】には「世界遺産詳解」『世界遺産事典』などの解説の内容をまとめます。これは、解説書によって記述が異なるので、その差異を確認したいという髙城さんからの依頼への対応です。なお、登録から一年未満のサイトの場合、これらの解説が一件だけ、あるいは得られないということもあります。

【基礎情報】では、図書館で収集した資料とノミネーションファイルなどユネスコ世界遺産センター公式ウェブサイトで公表されている資料をもとに、当該サイトの地理的特徴や歴史的・文化的背景について、コンパクトにまとめます。

そのサイトの特色を語るうえで特に重要なポイントについては、Introductionとしてレポートしています。特色ある地形や気候のメカニズム、その建築物の建築史上の意義、その文化の担い手である民族の歴史や伝統・慣習、重要人物の評伝など、サイトによって異なりますが、次の【見どころ＋ネタ（案）】の序説として、読みやすくまとめることを心がけています。

【見どころ＋ネタ（案）】は、いわば本題です。構成資産の見るべきポイントを端的に、なるべく写真を入れてレポートします。

この作業段階で、インターネットの検索エンジンにサイト名や構成資産の地名や施設名を入力して、写真や現地情報を入手します。私は、図書館に行き、資料を読み込んで基礎情報をまとめるまで、そのサイトについてネットで検索することはしません。サイトに関する知識が少ない段階でのネット検索は効率が悪く、時間のロスが大きいからです。

なにぶん世界遺産ですから、ネット検索すると、公的機関のPRからツアーを企画する会社の広告、現地を訪れた個人の旅行記などまで、おびただしく検出されます。そこからレポートに有用な情報を捉えるには、知識に裏付けられた判断基準が必要になります。リサーチに望まれていることは、「世界遺産としての基礎情報」「そのうえに個別の」「どんなところが面白いのか、プラスアルファの見せどころ」です。何が「プラスアルファの見せどころ」に値するか、世界遺産としての基礎情報と構成資産に関する知識をもっていなければ判断できません。

また、めったに観光客が行かない／行けない世界遺産もあります。そうするとネットで検出される情報はぐっと少なくなり、個人ブログなどをチェックする頻度が増すこともあります。その場合もやはり、情報の確度を判断できる知識を持ち合わせていないことには、有用な情報を捉えることができません。例えば、気になる情報を書いている個人ブログがあって、しかし記述に誤りがあったとします。まず、その誤記に気づける程度には知識をもっていなければなりません。また、知識をもっていれば、その誤記が単なる入力ミスなのか、誤解に基づくものなのか、文脈からある程度判断できます。前者だと判断できれば、その気になる情報に裏付けがあるか、さらにリサーチすることで情報を捉えることができるわけです。

最後に【監修者候補】として、当該サイトに詳しい専門家一、二人のプロフィルを付記します。『世界遺産』の場合、サイトによって必要になる専門知が異なるので、放送回ごとに監修者が変わらざるをえないという事情があるためです。リサーチを進めるなかで、現地で調査した経験がある研究者や関連する専門分野の研究者がわかってくるので、適任と思われる研究者の現職を確認、経歴などをまとめて、レポートは完成です。

ところで、例示（図４）に「ディキスの石球のある先コロンブス期首長制集落群」（以下、「ディキス」と略記）を選んだのは、ディレクターの江夏治樹さんが、次のように話してくださったからです。

江夏治樹　サイトが決まって、最初に何となくはネットを叩くんですけど、もう情報が錯綜しているし、信憑性もないし。ましてや、情報がないようなところにもよく行くので、そうすると作ってもらったレポートがものすごく効力、威力を発揮するというか。僕らは日本にずっといるわけじゃないので〔ディレクターは一年の三分の一は海外で撮影しているため：引用者注〕、図書館に行っていろいろ調べものをしたりする時間が取れない。そういうとき、かなり助かります。そこがどんなところで、どこを撮影したらいいのか、レポートで前段階の知識が得られるので、そこから自分が興味のあること、もっと知りたいことを突っ込んで調べていく入り口にしていますね。

コーディネーターに連絡するのは、ある程度こっちが概要をつかんでから、一度読み込んで自分のなかで咀嚼してからです。そこからコーディネーターに「こういう情報あるみたいなんですけど、実際どうですか？」とか、そこの入り口にしているので。ディキスで、あのカニョ島を撮影しようと思ったのは、入り口があったからですよ。あれがないとたぶん、あそこに行き着いてないですよ。

「ディキス」は、サイト名に「石球のある」とあるように、真球に近い石の球が多数発見された、コスタリカ南部ディキス地方の考古学遺跡群です。二〇一四年、先コロンブス期に栄えた首長制社会の様子を示す貴重な例証として評価され、世界遺産に登録されました。しかし、なぜ石球が作られたのか、どのような目的・意味があったのか、はっきりしたことはわかっていないため、石球をオーパーツと見なす雑誌記事が散見されるものの、レポートに有用な情報がなかなか見いだせないサイトでした。

こうした状況で私がとった方法は、図書館で近年コスタリカを訪れた人の本を片っ端から開くというシンプルな力業ですが、ほどなく高山智博『古代文明の遺産――調和と均衡 メキシコからボリビアにかけて』（〔ASAHI ECO BOOKS〕、清水弘文堂書房、二〇〇八年）によってカニョ島の存在を知ることができました。

「ディキス」の構成資産は四つの遺跡群（フィンカ6、バタンバル、エル・シレンシオ、グリハルバ－2）です。ディキス地方のデルタ地帯には石球が残されている考古遺跡が四十五件ほどあり、そのなかで特徴が異なる代表的な四件が選ばれました。石球がある遺跡が散在する本土の沖合にあるカニョ島は世界遺産ではないのですが、この島のジャングルにも石球がある――海を渡った島にも石球があるというのは興味深い。しかも、二〇〇四年に当地を訪れた高山さんによれば、現地ガイドは「島は先住民の墓場だった」と説明したとのこと。これは「ディキス」の文化を紹介する要素（ネタ）になるかもしれないと思い、【見どころ＋ネタ（案）】のあとに【プラスアルファネタ（案）】を設けて、カニョ島を中心に高山さんの本の内容を報告しました。

しかし、実はカニョ島は先住民の墓場ではなかったのです。江夏さんの取材によって、カニョ島の石球はディキスで作られて運ばれたもので、島は交易の拠点として重要な場所だったという最新の知見が番組で紹介されました。

このような次第なので、江夏さんに「入り口があったからですよ」と言われるのはとても恐縮なのですが、リサーチャーの仕事をしていると、ときどきこういうことがあります。

高城さんの話にあったように、リサーチ資料はナレーションを書く構成作家の手にも渡ります。『世界遺産』の構成を長年担当している作家の新貝典子さんにうかがいました。

新貝典子　リサーチ資料を、いつ、誰に、どう配れば、いちばんいい感じで役立つか、番組が長く続いていくうちにわかってくるという感じで……ゲストもの、例えば『サワコの朝』（TBS系、二〇一一年―、毎週土曜日七時三十分―八時）のような対談番組では、いちばん先にインタビュー資料みたいなものを山ともらって、そこからすべてが始まっていくけれど、『世界遺産』の場合は特殊で、私たち構成作家はロケの打ち合わせには出ないで、PV〔プレビュー。

ディレクターが撮影した映像を放送時間に合わせて編集したものを試写して内容を検討する作業：引用者注〕の段階から入ります。だから、私の場合は前もって何にも調べないで、まずPVを一回見て、それでわかるかわからないか……あえて予備知識なしで見るようにしています。その後、次のPV2の前に必ずリサーチ資料を読んで、これもっと足せないのとか、こういう話らもっとこうしたほうがいいかな、は言ったりします。そしてナレーション原稿を書くときには、とても必要なものです。

やっぱりいちばん役に立つのはデータ。それと、ありがたみというか、その遺産の立ち位置、世界にある同じようなもののなかでどこがどう際立っているのか、そういうことをリサーチ資料で勉強させてもらって、原稿に反映させています。

プロデューサーの神保泰歩さんにもうかがいました。

神保泰歩　リサーチ資料は通勤電車の友で、行きも帰りも読んでいます。PVがあったり、出発前のロケ打ち合わせがあったり、何本か並行して進んでいるので、確認の意味で読み直さないとどれがどれだかわからなくなるときもあるので、今日これからこのPVがあると思ったらそのレポートを読み直します。何本も同時進行で制作しているなかで、ポイントポイントで確認するために、私は大事に使っている感じですね。

いまの世の中、インターネットに正しくない情報も乱立している情報時代じゃないですか。だから、本当だったらディレクターがちゃんと図書館に通ったりして、情報をかき集める作業をしなきゃいけないんだけど、そこに労力をかけずに早くロケに向かえるという意味合いでは、すごくありがたいなと思うんです。リサーチの段階で正しい情報と正しくない情報が取捨選択されているので、それはすごくありがたいなと思っています。

いまでもときどき、「どうしてリサーチャーになったの?」と聞かれることがあります。私は「図書館で調べものをしてお金がもらえる仕事だったから」と答えています。図書館で調べものをして、「ありがたい」と言ってもらえるリサーチャーという仕事を、私はとてもありがたいなと思っています。

3 リサーチャーの仕事――インタビュー:菅将仁さん

菅将仁(すが・まさひと)

一九六七年、東京都生まれ。早稲田大学卒業後、テレビドラマのプロダクションに入社、九一年からテレビマンユニオン（企画室所属）のリサーチャーになり、『驚きももの木20世紀』（テレビ朝日系、一九九三―九九年）、『世界ウルルン滞在記』（TBS系、一九九五―二〇一三年）などに携わる。以後、フリーランスのリサーチャーとしてさまざまな番組を担当。最近では『麒麟がくる』（NHK、二〇二〇年一月―）、『NHKスペシャル――人類誕生』（NHK、二〇一八年）、『先人たちの底力 知恵泉』（NHK、二〇一三年―）、『新日本風土記』（NHK、二〇一一年―）、『所JAPAN』（フジテレビ系、二〇一八年―）、『健康カプセル！ゲンキの時間』（TBS系、二〇一二年―）など。

――菅さんは長年、科学、歴史、医療・健康など、リサーチを幅広く担当されています。それぞれの調べ方、リサーチャーとして気をつけているポイントなどをうかがいたいのですが。

いや実は、高校時代は物理・化学は赤点で、たぶん、自分には小学生の理科のレベルの素養しかない。化学式さえ読めない人間が科学番組を担当するのは限界があると思っている。最初に科学番組を担当することになったのは、正直なところ、食べていくためには仕事として引き受けざるをえなかったから。

――物理・化学が苦手でも、リサーチャーとして科学番組を担当してきたわけですね。どのように苦手を克服して調べたのですか？

科学番組が多かった当時は、いまと違って「サイアス」(朝日新聞社)、「科学朝日」(朝日新聞社)、「Quark」(講談社)のような科学雑誌もあって、いまよりも科学に向ける人々の興味・関心が高かったから、そのぶん、情報はあった。雑誌や本をひたすら読んで、新聞を検索して、ネタを拾う。調べ方はほかのものと変わらない。その頃、自分が携わった科学番組の多くは、科学をテーマにした番組といっても、技術の開発秘話だとか、最終的に人にスポットを当てる話が多かったから、科学の素養がなくても何とか対応できたという感じ。でも、続けていくうちに科学そのものを面白いと思えるようになった。

そのあとに携わった『たけしの万物創世紀』(テレビ朝日系、一九九五—二〇〇一年)、『サイエンス・アイ・スペシャル』(NHK教育、二〇〇一年四月—〇二年三月、月一回)のような最新の科学情報を伝える番組では、何よりも研究者に話を直接聞くことが重要だった。科学の世界は情報のアップデートがすごく速いから。ただ、研究者のなかには、自分の研究成果を人に広く伝えたいと思ってはいるけれど、伝えるのがあまり上手じゃない人もいて、そういうときは、専門用語や高等な数式で考えている専門家と視聴者をつなぐコーディネーターのような役割があるようにも感じた。

——そのときリサーチャーは、専門家と視聴者をつなぐ……。

翻訳機、トランスレーターというか……研究の本質的なところを聞いて、専門用語を使わずにレジュメにまとめる。そこからディレクターが構成を組み立てる。だから、少なくとも研究者が話をしてもいいと思えるくらいに、こちらが勉強していくこと、それは取材先へのエチケットとしても大事。ネタを拾うのはもちろんだけど、研究者の話を理解できる素地を作ることがいちばん重要だったかな。

歴史番組もそうで、例えば『タイムスクープハンター』（NHK、二〇〇九年四月〔シーズン1〕―一四年九月〔シーズン6〕）で旗振り山のことを研究している人に話を聞きにいくとなれば、そのために自分がまず勉強しなきゃ！ってなる。ただ、それが面白いんだよね。

でも、そういう専門家から話を聞いて、その道の専門家が一生かけて積み上げているところから番組として都合がいいところだけつまみ食いしているようなことに、良心の呵責を感じたりもする。

――その感じ、わかります。でも、その取材によって研究の一端が広く世に知られることもあるわけで……。

それは清水克行先生に言われたことがある。室町時代の飢饉について、研究成果を専門書以外でなかなか広く伝える機会がなかった、と。その世界観が映像として表現されたことを喜んでくれたときには、番組で紹介することができてよかったと思った。

歴史番組の調べ方は、自分の場合、趣味の延長かもしれない。結局、どんなに優秀なデータベースがあっても、仮に「国立国会図書館の地下書庫に行って自由に見ていいよ」と言われたとしても、本人に興味がなければ、何もひっかかってこないと思う。つまり、自分の場合、いちばん大切なのは、与えられたテーマに対して、モチベーションをいかに高く維持できるかのような気がする。

いろいろ思い出がある番組が多いのだけど、『名将の采配』（NHK、二〇〇九年六月〔第一期〕―一〇年九月〔第二期〕）で長篠の戦いを調べたときは、まず設楽原に行った。あと、戦艦大和のことを調べたときは呉に、明智光秀のことを調べたときは福知山に行ったり……。それは仕事を抜きに楽しかったりもするけれど、この仕事を始めたとき、テレビマンユニオンで浦谷年良さんに、取材するうえでいちばん大切にしなければいけないものは「現地」「現物」「本人」と教わった。これはリサーチャーの心得というより番組作りの心得として、最初に植え付けられた。だから、調べるとなったら、事情が許す範囲で、できるかぎり、現地にまず行くように心がけている。

長篠の戦いの有名な合戦図屏風は、後世に描かれたものだからリアルタイムのものではないにしても、この作者が何を伝えたかったのか、現地に行くとよくわかる。何を強調して描いたのか、何を省いて何をデフォルメしているか、すごくよくわかる。もちろん、地形自体も当時そのままではないことは念頭に置かなければならないけれど、「連吾川がこんなに小さな川で、こちらに武田勢、そして迎え打つ織田・徳川の鉄砲隊……うう～ん、そういう解釈で描かれているのか、なるほどね」と。そういうイメージが湧くと、そのあとに新聞や雑誌、書籍を読むにしても、そこでできたイメージで拾える情報が変わってくる気がする。

それともう一つは、現地に行くと記念館や資料館、博物館が必ずあって、学芸員が興味をもって長年調べてきた成果をプレゼンするように展示がされていたりする。それを見ることで、書店で流通している一般書籍では汲み上げられていない情報にふれることもできたりする。そういうことがとても役に立った。
さらに加えれば、リサーチの依頼を受けてすぐに出かけられるとはかぎらないし、むしろ、すぐに現地に行ける状況ではないことのほうが多い。だから、どこかに行ったときには、もしかしていつかこのことに関わるかもしれないと思ったものは、合わせて一緒に、資料をがっさり集めてきてしまう。

――そこで欲張ることも大事だと。

いつかこれは役に立つかもしれないと、要はアンテナをいつも広げておくというか……長篠の例でいえば、設楽原歴史資料館には地元出身の岩瀬忠震という人物の展示コーナーがあった。全国的に幅広く知られていなくても、その地域で顕彰されている偉人は各地にいるよね。岩瀬忠震は幕末の名外交官で、黒船来航のときに活躍した人物。だから、本来の目的は長篠合戦のリサーチだったけれど、岩瀬についてもいろいろ読んで、もらえる資料は持ち帰った。そうしたらその後『BS歴史館』(NHKBSプレミアム、二〇一一―一四年)で日米和親条約をテーマにした回で、「出てきた出てきた、この人この人」ってなって(笑)。そういうふうに自分のなかにネットワーク的につながりができるのは面白いし、そのネットワークを広げておくことは大切だと思っている。

――それほど熱心に歴史番組に取り組みながら、科学番組のほかに健康番組も長年担当していますよね。

関わっている『ゲンキの時間』は、『週刊!健康カレンダー――カラダのキモチ』(TBS系、二〇〇六―一二年）という番組から十年以上続いているから、ディレクターも、もう循環器科から整形外科まで基礎知識は身に付いているし、各科の先生と直接のネットワークももっている。それに新しい情報や裏取りもAD（アシスタントディレクター）さんができるようになっているから、その手助けをするだけで、そんなに大変なことはやってない。

――その「手助け」とは、具体的にどんなことをしているのですか？

エビデンスになる論文がなかなか見つからないときに手伝うとか、直近の雑誌や新聞からテーマに必要な記事を探すとか。個人的にはADさんが成長して、やがてディレクターデビューするのを見るのも楽しい。それが仕事を続けるモチベーションの一つになっている。

健康番組で特に気をつけているポイントは……これは自分の失敗例からの話だけれど、はるか昔、まだリサーチャーとして駆け出しの頃、NHKの健康番組で納豆をテーマにしたことがあった。ナットウキナーゼに血栓を溶かす効果があるという情報を、いわゆるドロドロ血の人にオススメみたいに番組で紹介した。そうしたら、視聴者からNHKに電話が……「私、心臓が悪くてお医者にいってるんですけど、納豆を禁止されてるんですが」と。それはワーファリンという血栓を作りにくくする薬を飲んでいる患者さんからの電話だった。よくよく調べると、ナットウキナーゼにはワーファリンの効果を弱めてしまう作用があることがわかった。だから、この薬を飲んでいる人は納豆NG。週刊誌でも薬の飲み合わせについては頻繁に特集されているから、これはもういまではかなり広く知られた話になっているけれど、四半世紀前、駆け出しのリサーチャーには初耳のことで、要は、どんなにいいという話でも、必ずネガティブファクターはチェックする必要があるということ、それを痛感した。

構成上、都合がいいことだけを拾い上げない慎重さが大切。これも取材した先生にあらためて聞いたら「あ、ワーファリンはダメなんだよ」って即答された。先に言ってよ、みたいなことだったから。専門家にとっては当たり前のことで、逆に伝えるまでもないと思ったようだった。そういう点にも注意して、どんな話も鵜呑みにせず、さまざまな視点で複数の情報ソースから裏取りはしないといけない。

特に、健康番組を長く続けていると、より面白い話、より珍しい話とエスカレートしていくから、どうしても新しい、裏が取れていない、ポッと出の新奇な情報に触手を伸ばしたくなったりもする。そのときに、「そこ行きすぎじゃない？」って、ときにはブレーキ役を担うのもリサーチャーの役割だと思うし、自分が裏を取れと言われたときは、ネガティブファクターにも注意を払うようにしている。一度、痛い目見たから（笑）。

あと、論文は研究母体の確認も大事。論文のなかには、製薬会社などが自社の製品開発のために資金提供も含めて研究に協力しているものもある。研究結果に偏りはないかという精査はもちろん、テレビの場合、スポンサーとの兼ね合いもあったりするから、そういうことにも気をつけないといけない。

それと、ラットを用いた実験しかしていないのに、さも人間にも効果があるように紹介している記事もあったりする。医学も経済と結び付くとエスカレートする傾向があるから、それを見極めることも重要だと思う。

——見極めるのにも勉強が必要ですね。

もちろん。それは基本。

——長年、健康番組をやってきて、最近変わったと感じることはありますか？　例えば、ちょっとネットを検索すると、間違った健康情報が目につきますが。

「コロナウイルスには、お湯を飲めば効果がある」とか（笑）、怪しい情報の氾濫は多々ある。間違った、あるいは不正確なネット情報に関していえば、健康情報に限らずいろいろな分野で目につくように思う。もちろん、出どころがはっきりした正しい情報もあるけれど。

——仕事への影響はありませんか？

根拠を示していない、出典の明記もないネットの記事をディレクターがもってきて、「これ、ネットにこう書いてあるんだけど、この資料は何でないの？」って言われて困ったことはある。でも、それくらいかな。あとは自分が気をつけるだけ。

そういう意味でいったら、自分の場合は運がいい。優秀なディレクターに使ってもらうことが多いから。指示も的確に出してくれることが多い。

ディレクターが料理屋だとしたら、リサーチャーは市場に材料を買いに行く小僧みたいなものだと思う。だから、その料理人が和食を作りたいのか、中華を作りたいのか、肉料理を作るのか、野菜料理を作るのか、そこで読み違えて、肉料理を作ろうとしているところに魚と野菜をもっていったら叱られる（笑）。

――そうですね。相手が何を欲しがっているかがわかったら、仕事の半分はできている。

そう、半分を占めるかもしれない。それで調べて、レジュメを作って、この資料をもっていったらあの人はどういうふうに反応するだろうと考えて、パターンA、B、Cみたいなフォロー資料を用意して。

――どうしてリサーチャーを長年続けてこられたのかと問われたら？

やっぱり好きだったから。いろいろな人から「なんでリサーチャーになったの？」と尋ねられることがあるけれど、そのときは「本を読んでお金がもらえるから」と答えることにしている（笑）。

コラム　インタビューこぼれ話――上の人は見ているもの

――菅さんは大学卒業後、ドラマのＡＤをしていたとか。

作家、小説家になりたいと思っていた、文学部の学生だったからね。そんな夢みたいなことを思っていて、でも、それで食べていけるかっていう現実にぶち当たって（笑）。

――なぜ、そこからテレビに？

その頃、トレンディードラマが主流で、『男女７人』（ＴＢＳ系、『男女７人夏物語』：一九八六年、『男女７人秋物語』：八七年）とか好きで、脚本を学んでみたいと思って、鎌田敏夫さんの作品を手がけているドラマのプロダクションに入って、ＡＤをやることになった。

ドラマのＡＤって、いろいろ調べものをする。終戦当時の風俗だとか、吉原が舞台なら吉原のなかの状況だとか。あと『火曜サスペンス劇場』（日本テレビ系、一九八一―二〇〇五年）もあったので、トリックを調べるために、例えば東京大学の解剖学教室に行って……そうしたら、「普通は見せられないんですけど」とか言って、刺青がある皮膚に刃物の跡があるホルマリン漬けだとか、すごいものを見せてくれたりして。そういう取材から事件が暴かれるネタみたいなものを拾うんだけど、そうやってテレビの仕事を通じていろいろなことを知ることが楽しいなって思い始めていたときに、やっぱり上の人は見ているもので、「お前はドラマ向きじゃない」って言われ始め、そのとおり！と思って（笑）。

ドラマのＡＤを辞めて、どうしようって思っていたときに「デューダ」で『世界ふしぎ発見！』（ＴＢＳ系、一九八七年―）の「リサーチャー募集」を見て……リサーチャーってよくわかんないけど、テレビもちょっとかじったし、とりあえず食べていかなきゃと思って応募して、面接に行って、浦谷さんとか田中直人さんとかの面接を受けて。そのとき、「お宅の会社の菅っていうのが受けにきてるよ」って、前のプロダクションに……そしたら、「面倒見てやってくれ」って言ってくれたらしい。それで『ふしぎ発見！』じゃなくて新しく始まる番組があるんだけど、そっちでもいい？」って聞かれて、「ああ、いいですよ」って言って、それからリサーチャー。

田中さんの番組のリサーチをしながら、週に一回の企画会議のために企画リサーチをするようになったんだけど、そのとき向かいのデスクに座っていたのが是枝裕和さんだった。ある日、電車の中刷りで「ＡＥＲＡ」（朝日新聞出版）の表紙に向かいに座っている人を見て驚いた（笑）。

髙村敬一さんも見ていた

その後、菅さんはテレビマンユニオンにとどまらず、さまざまな番組で活躍します。その姿を見て、髙村さん（次章に登場）はリサーチャーとして独立することを決心したそうです。

第3章　テレビリサーチャー史

1　テレビリサーチャーの始まり

以下は、「TV界に事実を追う「リサーチャー」欧米では専門職として評価」の見出しで「朝日新聞」一九九三年十月十四日付（東京版夕刊）に掲載された記事です。少し長くなりますが、日本のテレビ界とリサーチャーについて考えるうえで重要な指摘を含む記事なので引用します。

リサーチャーが、テレビ界で認知されるようになった。番組の基礎になる事実を調査する。欧米では専門職として評価されているが、日本でも定着するだろうか。

編集プロダクションの取材部長、斎藤充功さん（五二）は昨年、NHKスペシャル「ドキュメント太平洋戦争」のリサーチャーを引き受けた。戦前、戦中の戦略物資の輸送ルートの調査、資料発掘という、かなり専門的な仕事だ。

近、現代史に関して著書もある斎藤さんは、外交史料館、防衛研究所を訪れて資料を探す一方、旧軍人ら百人近くに会い、証言や資料の提供を求めた。集めたデータはディレクターにリポートとして渡したが、調査には五カ月もかけたという。

ただやみくもに調べても効果がない。だれにあたり、どこへ行けばいいのかのカンが必要だ。

斎藤さんは「リサーチャーは専門職で、指示されたとおりに調査するデータマンとは違う。足と頭でニュースを追い掛けるジャーナリスト感覚も必要で、そこが学者やアナリストとも違うところ」という。

世界史をテーマにしたクイズ番組「世界ふしぎ発見」（TBS系）は、八年前のスタート時点から専属のリサーチャーを組み込んでいる珍しい例だ。

テレビマンユニオンが制作しているこの番組には、二十代の女性を中心に六人のリサーチャーがおり、ローテーションで一回につき一人のリサーチャーがつく。テレビマンユニオンと契約しているフリーの人たちだ。

成田慈子さんは、スタッフに頼りにされているリサーチャーの一人。図書館で関係文書を調べ、学者や写真家などを訪ね歩く。海外ロケに同行したこともある。ディレクターや放送作家といっしょに台本作りにも参加する。

日本のテレビ界でリサーチャーが注目されてきたのは、ここ七、八年だ。最近では、先日放送されたNHKスペシャル「今は亡き俳優・笠智衆への追い文」のように、リサーチャーとして個人名が番組に明示されるケースも出てきた。

情報化社会の中で、情報系とよばれる番組が増え、新しい情報、珍しい現象が番組に求められてきたこと、著作権など引用、転載の権利関係の処理が増え、そのチェックを専門にできるスタッフが必要になったこと、が背景にある。

ただ、ディレクターが電話をかけまくって情報を集めたり、放送作家が兼務したり、外部の調査会社に委託する場合が多いのが現状でもある。リサーチャーといってもアシスタントに近い仕事も求められ、企画段階からスタッフとして参加するケースはまだ少ない。

●BBCは高く評価し権限も

二年前、BBCと組んでキューバ危機のドキュメンタリーを共同制作したテレビ朝日国際部の増田信二さんは、BBCのリサーチャーに強い印象を受けた。

ロンドンのBBCで五十年配の女性がリサーチャーとして紹介された。各国の公文書館に顔が利くリサーチの専門家で、自ら出掛けて調査する。

企画段階からスタッフとして参加するが、三十年前のニュースフィルムに映っていたアメリカの一主婦を追跡し、つきとめたのも彼女だった。別のスタッフが見つけたフィルムのクオリティーのチェックもする。権限と責任が与えられ、プロデューサーと同格の印象を持ったという。

調査能力だけでなく、リサーチャーの仕事を評価し、カネと手間をかけ、愚直なまでに事実を積み重ねていく方法論に感心した。BBCのドキュメンタリーはチームごとにこうした専門的なリサーチャーが付き、番組の厚みと信頼度を高めている。

「テレビ人はおうおうにして、面白い、いけると思うと走ってしまう。そこに彼女のようなリサーチャーがそばにいると、事実の重みを改めて振りかえる気持ちになる」と増田さんは自戒もこめて話している。

日本のテレビ界でリサーチャーが活躍し始めたのは一九八〇年代、そのエポックメーキングな番組としてよく引き合いに出されるのが『世界ふしぎ発見!』です。「リサーチャーが、テレビ界で認知されるようになった」という書き出しで始まるこの九三年の新聞記事も、「八年前のスタート時点から専属のリサーチャーを組み込んでいる珍しい例」として取材しています。
『世界ふしぎ発見!』は、テレビマンユニオンが企画、TBSとの共同制作で一九八六年四月十九日に放送を開始したクイズ番組。番組がスタートした頃、重延浩プロデューサーは「クイズはジャーナリズムだ。クイズの答えを映像で実証できなければ、視聴者は決して満足してくれないし、絶対にクエスチョンとして認めない」「現在のわれわれの周りに生きている歴史の不思議さ、素晴らしさを映像という証拠でつかまえよう」と言い続けたといいます(TBSメディア総合研究所編「新・調査情報 passingtime」二〇〇四年五月号、東京放送、一四―一六ページ)。

それを生み出すのがリサーチャーによる情報収集であり、調査に次ぐ調査だった。新聞や雑誌で取材相手国やテーマに沿った記事を拾っておく。図書館で関連する本を読み、そのエキスを取材Dに伝える。番組の中で出題するクイズのネタ探しをする。学者や各国大使館の取材に奔走する。

情報収集だけでなく、出題の起案、台本のチェックなど同時進行で三、四本のテーマをこなしていくというリサーチャーの仕事の流れは、放送回数を重ねることによって確立していった。ユニオンでは、「リサーチャー」を制作体制の中に位置づけることにした。（同誌一六ページ）

「「リサーチャー」を制作体制の中に位置づけること」は、しかし、一九九三年時点では「珍しい例」で、「企画段階からスタッフとして参加するケースはまだ少ない」状況であり、「欧米では専門職として評価されているが、日本でも定着するだろうか」と問われていました。

本章第3節では、この問いについてシビアに考えてみたいと思います。すなわち、日本のリサーチャーは欧米のリサーチャーのような専門職になりえたか、検討します。

すでに菅さんのインタビューを読んだ読者のみなさんは、専門職として存在しているリサーチャーを知っているので、「なりえた」という答えをもっています。ですから、あらためて検討する必要があるのかといぶかしく思うかもしれませんが、リサーチ業界の過去から現在に至る過程を俯瞰すれば、なりえた部分となりえていなかった部分が見えてきます。

さて、まずはテレビマンユニオンが『世界ふしぎ発見！』のためにリサーチャーを募集した当時にさかのぼりましょう。成田慈子さんに話をうかがいました。

2 〝日本初〟のリサーチャーは？――インタビュー：成田慈子さん

成田慈子（なりた・いつこ）
一九六〇年、東京都生まれ。武蔵野美術大学卒業後、スリッパメーカーの社員としてデザインの仕事に従事。八六年から『世界ふしぎ発見！』のリサーチャーとなる。以来、三十四年にわたって『世界ふしぎ発見！』を担当するほか、歴史推理ドラマ『時空警察捜査一課』（日本テレビ系、二〇〇一―〇五年で五回放送）、『ＮＨＫスペシャル』（ＮＨＫ、一九八九年―）のドキュメンタリーなど、数々の番組で活躍。

――日本のテレビ界に「リサーチャー」という職業ができたのはいつか、特定することは困難だと思いますが、業界の通説ではテレビマンユニオンが最初といわれています。

これまで私は何度か取材を受けていて、「最初のリサーチャー」のように書かれることがあるのですが、本当に「最初」ということはありません。数年前に取材したテレビ業界に長くいる方が、

「その前からいましたよ」とおっしゃっていました。それに、「リサーチャー」という名ではなくとも、その仕事をしていた人は必ずいたわけですから。

――通説の根拠は、「リサーチャー」という職業でスタッフを求人した最初の番組が『ふしぎ発見！』で、そのとき採用されたのが成田さん。だから「最初のリサーチャー」となるわけですが、リサーチャーになろうと思ったのは、どのようなきっかけだったのですか？

会社を辞めて、海外旅行して、帰国して……働かないとまずいな、でも歯がボロボロになっていたから歯医者にも通わなきゃいけない。時間の自由がきく仕事がいいなと思っていたところ、求人情報誌「とらばーゆ」（リクルート）に「リサーチャー募集」が出ていて、リサーチャーが何をするのかよくわからなかったけど、応募しました。最初は「半年間限定アルバイト」ということでした。始まったばっかりの番組でどうなるかわからないので、約束できるのは半年。だから、とりあえず半年で、と……。最初の頃は、結構めちゃくちゃで、契約書もありませんでした。あるときから半年ずつ、契約書をきっちり交わすようになりましたが。

――契約書があるんですか？　リサーチャー個人と番組の間に契約書があるのは珍しいと思うのですが。

番組契約という形なので、ＡＤさんと同じ扱いになるからだと思います。『ふしぎ発見！』の場合、担当する放送回に対して報酬が支払われるのではなく、いわゆる月給です。そのかわり『ふしぎ発見！』を優先してやってください、ということになっています。番組が急に飛んだりして、新しいことを至急調べなきゃならないとか、そういう緊急事態に対処してください、ということで。
番組が始まった当時は、いまみたいにパソコンで検索なんてできなかったので、本当に時間がかかりました。何か急に「これ調べて」と頼まれると、図書館に行って調べるとか、電話で教えてくれるところを探すとか、いまと比べて時間のかかり方が本当に半端じゃなかった。だから、番組契約という形でリサーチャーを囲い込んで、月々で一定の給与を保証する体制でスタートしたわけです。

——スタート時、リサーチャーとして抱えられたのは何人ですか？

四人だったと思います、たしか。その後、六人とか、八人とか、増えたり減ったり。

——毎週放送がある番組の立ち上げ時に四人は、かなりタイトですよね。

はい。それに、ぶっちゃけて言うと一桁でしたよ、ギャラ（笑）。最初の頃は、いまでいったら超ブラックですよ。忙しいし、ギャラは安いし。通勤圏内に実家がない人は食べていけないから、赤ペン先生のアルバイトなんかもしていました。でも、誰も辞めようとしなかったですね。たぶん、面白かったから。最初は、雇う側もどれぐらいの仕事量になるか、まったくわかっていなかったのだと思います。だから、ちょっとアルバイト程度で考えて、ギャラも安い。でも、その後、これは大変だとわかった。だから、こちらもかなり強気でギャラ交渉をして。

——いなきゃ困るでしょ、みたいな。

そう、相当強気でやりました、最初の頃は（笑）。

──『ふしぎ発見！』の都市伝説というか、聞いた話では、リサーチャーが国立国会図書館に行ったら、黒柳徹子さんのマネージャーがいた、とか。

東京都立中央図書館で、黒柳さんご本人です（笑）。

──ご本人のほうが衝撃的ですね（笑）。

番組初期の頃ですから、もう三十年以上前のことですね。黒柳さん、すごく力を入れてくださって、テーマを聞くとそれについて調べられて。私だけじゃなく、ほかのリサーチャーも目撃しています。

──噂に聞く、成田さんの資料室はいつできたのですか？

私の資料室？　部屋はないです（笑）。リサーチャーはみんなそうですけど、デスク周りが資料の段ボール箱の山で囲まれてしまって、壁みたいになる（笑）。

──『ふしぎ発見！』のリサーチャーは資料がすごいことになっているとか、ラムセス二世のことを「ラム二（らむに）」というとか、そんな噂を聞いています。

それは本当です。「ラム二（らむに）」「アメ三（あめさん＝アメンホテプ三世）」で話が通じる（笑）。

──特殊な環境です（笑）。それに『ふしぎ発見！』は、リサーチャーの拘束期間がほかの番組に比べて長いですよね。

テーマが決まって、最初の構成会議から参加します。昔はホワイトボードを使って連日会議をしていました。いまはディレクターがパソコンで考えることが多くなったから、そういう会議は減りましたけど、内々で構成をどうするか話し合う場には参加しますね。『ふしぎ発見!』の場合は、リサーチャーが構成にもかなり関わりますから、ロケ前がいちばん忙しいです。ロケに行ってしまうと、特に秘境とか行っちゃったら、その間は何もやることがない。忙しい時期と空く時期があるので、そこで前後の担当回とうまく噛み合えば、それほど大変ではないのですが、ロケ前のリサーチ時期が重なると結構大変です。それと、番組契約をとってスタートしたので、著作権などの権利関係の処理もリサーチャーがやっていたりするので、そういうのも含めるとちょっと長めになるかな。

——MA(ナレーション収録)にも立ち会いますか?

はい。原稿を見ていても、その場で、音で聞かないと気がつかないことが結構ありますから。

——それだけ多くの仕事がある『ふしぎ発見!』を担当しながら、成田さんはほかにも数多くの番組を担当されています。長いキャリアのなかで、特に印象に残っている番組は何ですか?

そうですね、やっぱり『NHKスペシャル』は大規模にできるから面白いし、『時空警察捜査一課』もまたすごく面白かったですね。歴史上の事実を踏まえてどうやってそれらしいウソをついて、ドラマを作っていくか、といったところが。

あと、神経を使ったのが『たったひとりの反乱』(NHK、二〇〇八年、〇九年七月—十二月)というNHKのドキュメンタリードラマです。権力者に立ち向かった人物を主人公にドラマにするわけですが、そうすると一方をヒーローにして、もう一方を悪者にしなければならない。へたをしたら訴えられる。ドラマにするとき相手方は本当にこのようなセリフを言えるのか、とか、立ち向かった人も命がけだったわけですからそれをどうやってうまく伝えるかとか、とても大変でした。

――リサーチャーとして、とても気を使うところですね。

もちろん、ディレクターも気を使いますよ。

――そうですけど、ディレクターであるからには、ディレクターとしてやりたい演出がある。そう、ケンカしないといけないときもありますね。

――そこはリサーチャーの役割の一つですよね。

そこはそうですね。確かにそうしたほうが面白いけど、そうするとこの人が傷つきますよ、というようなこと、ありますね。危機管理はプロデューサーの役目ですが、現場でわかることは、と、ここまでは、という、何かラインがありますね。

3　テレビ視聴の変化、テレビ業界の変化

ここまでは、という、何かラインがある――ここに、専門職（professional）の姿が捉えられると思います。このラインは、個人の価値判断に基づくものではないからです。制作過程で最も多くの資料を読み込んだリサーチャーであればこそ、リサーチャーとして意見できるのです。

成田さんの話にあったように、「リサーチャー」という肩書でなくとも、リサーチを担当していたスタッフはいたわけです。企画を立てるのに事前調査をするのは当然のことですから、番組によってはディレクター自身が、あるいはＡＤ、構成作家、構成作家見習など、さまざまなスタッフがおこなっていました。

本章冒頭で引用した新聞記事で、リサーチャーが必要になった背景に「情報化社会の中で、情報系とよばれる番組が増え、新しい情報、珍しい現象が番組に求められてきたこと」が指摘されていたように、リサーチャーが専門職として分化する過程には、知的エンターテインメント番組の開発・発展、「オフ・ジャンル化」といわれるテレビ番組の変化が大きく関係しています。

クイズ番組にさまざまな情報が盛り込まれるようになったのは、一九七〇年代後半からです。「クイズに答えながらアメリカ旅行を続ける『アメリカ横断ウルトラクイズ』（日本テレビ・七七年）、海外取材のミニドキュメンタリーとクイズを組み合わせた『なるほど！ザ・ワールド』（フジテレビ・八一年）、雑学的知識を競う娯楽番組『クイズ面白ゼミナール』（ＮＨＫ・八一年）など」（ＮＨＫ放送文化研究所編『テレビ視聴の50年』日本放送出版協会、二〇〇三年、五八ページ）が挙げられます。

これら先行番組の経験から、『世界ふしぎ発見！』ではリサーチャーが制作体制のなかに位置づけられましたが、当初は「ちょっとアルバイト程度」に考えられたように、その役割は手探りの状況でした。しかし、リサーチ専門のスタッフがいると、情報力がそれまでより格段に上がることが実感されます。一九八〇年代から増加する知的エンターテインメント番組で、リサーチャーが次第に活躍し始めます。ただし、件の新聞記事にもあるように、九三年に至っても「ディレクターが電話をかけまくって情報を集めたり、放送作家が兼務したり、外部の調査会社に委託する場合が多いのが現状」でした。

また、一九九〇年代初頭には「ワイドショー戦争」といわれるほどワイドショーの取材合戦が激化して、ゲリラ的ともいわれる独自の取材、再現映像やナレーション、効果音などを多用した特有の演出手法でさまざまな話題が伝えられるようになりました。こうしたワイドショーに対して、当事者や被害者への集中的な取材やプライバシーへの過度の接近、それでいて話題性が薄れると潮が引くように一切報道されなくなるという一過性の問題など、批判も高まりました。九五年を境に、ワイドショーは旅、グルメ、健康など、特に主婦層の関心を集めるような「生活情報」をメインに据えるようになります。同時に、夜間の番組でもバラエティー形式で「生活情報」を伝える番組が数多く開発され始めます(『ためしてガッテン』〔NHK、一九九五―二〇一六年〕、『伊東家の食卓』〔日本テレビ系、一九九七―二〇〇八年〕など。前掲『テレビ視聴の50年』八八ページ)。

以下は、「ACROSS」一九九五年五月号の記事「平成の現場 ネタが勝負のTV業界を支える女性たち――リサーチャー」の一部です。

春の番組改正で、ゴールデンのドラマ枠が日本テレビとフジテレビで一本ずつ減った。代わって増えたのは情報バラエティ番組だ。その台本を書くのは放送作家だが、事前調査を行うのは、やはりリサーチャーの仕事。『世界ふしぎ発見』が〝つくり込んでいくタイプ〟のリサーチャーだとすると、こちらは〝ひたすら探すタイプ〟のリサーチャーだ。扱う情報が店や人、それも一般の人の中から珍人を探す――というレベルになると、優秀なリサーチャーが何人いても決して余ることはない。となると、当然、専門のリサーチ会社に外注するケースが増えるわけだ。

（「平成の現場 ネタが勝負のTV業界を支える女性たち――リサーチャー」、パルコ編「ACROS」一九九五年五月号、パルコ、五ページ）

一九九〇年代後半、情報バラエティー番組が増えたことで、リサーチャーとして働く人も増えます。ただし、この記事の小見出しは「〝ネタ勝負〟で増える放送作家の卵たち」。この頃に増えた情報バラエティーのリサーチャーには、「女性」「放送作家の卵」が目立ちました。その理由は、次のように示唆されています。

「つまるところ、企画力さえあれば誰でも放送作家になれる。作家やドラマのシナリオライターと違って、文章力そのものはそれほど必要ないんです。要するにネタが勝負」（略）情報カタログ的な番組が増え、ニュースがショー化された今、その必要とされる情報の数は〝∞〟。そういう街ネタや口コミ的な番組を視ていると、確かに「私にもできるかも～」と感じなくもない。

（同記事五ページ）

「企画力さえあれば誰でも放送作家になれる」「私にもできるかも～」と感じられたのは、一九九〇年代後半に顕著になった番組の「オフ・ジャンル化」と素人出演バラエティーの増加に起因すると考えられます。

「オフ・ジャンル化」とは、バラエティー形式で「生活情報」を伝える番組のように、料理番組や健康番組といった従来の枠組み、一つのジャンルに収まりきらない、というテレビ番組の変化を捉えるキーワードの一つです。さまざまな情報がバラエティー形式で伝えられることが多くなり、「音楽バラエティー」「料理バラエティー」「生活情報バラエティー」、ひいては「報道バラエティー」まで登場しました。一九八〇年代から増えた知的エンターテインメント番組も、「歴史」「科学」「海外の暮らし」など、クイズやトークを交えて楽しく見られるような構成で、それまでの「教養」や「娯楽」といった枠組みでは捉えがたく、「テレビ全体がバラエティ化している」とも指摘されました（前掲『テレビ視聴の50年』八九ページ）。

では、いわゆるバラエティー番組に目を転じるとどうか――一九八〇年代、『巨泉×前武ゲバゲバ90分！』（日本テレビ系、一九六九―七一年）、『8時だョ！全員集合』（TBS系、一九六九―八五年年）のような練り込まれたギャグを中心にしたものから『オレたちひょうきん族』（フジテレビ系、一九八一―八九年）、『天才・たけしの元気が出るテレビ!!』（日本テレビ系、一九八五―九六年）といったお笑いタレントを中心にさまざまな企画を盛り込むものへと様変わりしました。九〇年代に入ると、とんねるずやビートたけしといった人気タレント依存型のものと、『世界まる見え！テレビ特捜部』（日本テレビ系、一九九〇年―）や『たけし・逸見の平成教育委員会』（フジテレビ系、一九九一―九四年）のような〝知的情報バラエティー〟が主流になり、九〇年代半ば頃からは、「バラエティーの主役はプロから素人へ」といわれるほど、一般人がさまざまな形で登場するようになりました。そのきっかけになったのは『投稿！特ホウ王国』（日本テレビ系、一九九四―九六年）、『クイズ悪魔のささやき』（TBS系、一九九四―九六年）とされていますが、これ以降、例えば、台本に沿って素人男女が恋愛体験をする「未来日記」が人気コーナーになった『ウンナンのホントのトコロ！――GET REAL』（TBS系、一九九八―二〇〇二年）、素人がダイエット、大学受験、プロボクサー、ラーメン店主などを目指して奮闘する『ガチンコ！』（TBS系、一九九九―〇三年）、素人男女がグループでバス旅行をしながら恋愛相手を探す『恋愛地球旅行あいのり』（フジテレビ系、一九九九年―）などが人気を博しました（前掲『テレビ視聴の50年』九〇―九一ページ）。

身近な生活情報がネタになり、素人が主役になる――そのため、ネタ探し、人探しをする人手が求められます。また、テレビに映る「笑い」が、練り込まれた「虚構」から「現実（ナマ）」のハプニングにシフトしたことで、「企画力さえあれば誰でも放送作家になれる」「私にもできるかも〜」という機運が高まったのだと思います。

一九九〇年代末、テレビ業界で働こうとする若者はいまよりずっと多くいて、ずいぶんたくさんの人が入っては去っていきました。いまは昔の話ですが、現在・未来の変動を読み解いて対応するには、過去にあった過誤の原因を知っておくことも有益だと思います。少々長くなりますが、次に「週刊アサヒ芸能」一九九九年六月三日号の記事「放送作家・鮫島文珠のTVぬらりひょん」から引用します。

> 一見華やかに見えるTV業界。しかし、その最底辺では地味も地味、地味の百乗ともいえる職業「リサーチャー」という人々が存在する。（略）だいたい、駆け出しの頃の放送作家は、先輩作家の関わる番組に「よろず調べもの承ります（リサーチャー）」係として送り込まれることが多い。そして、先輩作家がTVの構成会議の席上で口からでまかせの思いつきで喋った情報のウラを取ることを要求されるのだ。例えばこんなぐあいに。
> 「あのさあ、なんか赤い表紙の週刊誌に八十歳くらいでモチを十キロ丸飲みできるとかいう、スーパー老人の記事がグラビアに載ってた気がするんだよね。よく覚えてないけど。アレ、うちの番組で使えるよ」
> （略）私も経験があるが、見つけられないとかなりシビアに責められる。（略）この手の情報は、又聞きの又聞きだったりするのでたいていガセネタであることが多い。ディレクターの「まだ見つかんないのかよ、コラ!!」というマジギレ寸前！の矢の催促と、どんなに放送局の資料室をひっくり返しても、日本全国津々浦々の市町村の役場に電話しまくって「そんなオジ

イサン、そちらの地域にいませんか!?」と調べても、何も出てこない情況(ママ)にホトホト疲れ果てるリサーチャー作家君。

最後の手段、会議の時にその情報を喋った先輩作家本人に、「それを調べるのがお前の仕事だろうっ!?仮にもそれでゼニもらってるんだろうがよ!!」と叱られるのを覚悟の上でもう一度聞いてみることに。

真面目な奴ほど、この段階で相当追いつめられているので、目の下に二センチ幅くらいのドス黒い隈ができてフラフラ。まるでお代官様に直訴する前の農民のような面持ちで、放送局に出向き、別の番組の構成会議終わりの先輩作家に声をかけるリサーチャー作家君。

「す、すいません……」

あまりにもシリアスなその表情に、今夜六本木のどこのキャバクラに行こうかですでに頭がいっぱいな状態の先輩作家氏も思わず立ち止まる。

「なんだよ、いったいどうしたんだ?そんな疲れた顔して。バラエティーの世界は笑顔が一番って教えたろ!?」

アンタのせいでこうなったとノドまで出かかっているのをグッと堪えて、リサーチャー作家は切り出す。

「あの～前の構成会議で言ってた、モチ丸飲みできるオジイサンのことなんですけど。アレの情報元を教えて……」

と言い終わらないうちに破顔一笑の先輩作家が大声で、

「イヤ～ッ悪い悪い！アレはウソ!!会議用の盛り上げネタ。マジで信じてたの!?」

こうした流れで先輩に殴りかかり消えていったリサーチャー作家君を、私は五人以上知っている（笑）。

（鮫島文珠「放送作家・鮫島文珠のＴＶぬらりひょん」「週刊アサヒ芸能」一九九九年六月三日号、徳間書店、九九ページ）


当時の構成会議を思い起こせば、この「例え話」はそれほど誇張されたものではなく、この筆者の意図はどうあれ、バラエティー番組の制作現場にあった問題をよく表していると思います。三つのフェーズから、問題点を整理してみましょう。

第一には、「リサーチャー作家君」の対応の問題です。週刊誌で見たような気がするという話なのですから、まずはその週刊誌を探しますが、「放送局の資料室をひっくり返しても」手を尽くして検索してみても、該当する記事が見つからなかったなら、「該当する記事は見当たりません」と報告するべきです。番組制作に関わっている自覚があるなら、「モチ丸飲み」ではなくほかに「スーパー老人」を探すとか、代案をリサーチするほうがいいと考えるのが当然だと思います。見つからないことに追い詰められて「日本全国津々浦々の市町村の役場に電話しまくって」時間と心身を浪費していいことはありませんし、何より、確証がない話で市町村役場に電話するなど迷惑な行為は厳に慎まなければならないことです。

第二には、「リサーチャー作家君」の職場環境の問題です。真面目に働こうとする彼に「見つからないなら、代案をリサーチすればいいよ」とアドバイスする人がいない。仕事についてきちんと指導する人がいないため、彼は追い詰められ、市町村役場に迷惑をかけてしまう。これは雇用者の責任で改善されるべき問題です。

第三には、いわゆるバラエティー番組の「リサーチャー（作家君）」に対する認識の問題です。「一見華やかに見えるTV業界。しかし、その最底辺では地味も地味、地味の百乗ともいえる職業「リサーチャー」という人々が存在する」というヒエラルキーを想定しての「最底辺」という認識は、重大な過誤をはらむものです。こうした認識のもとでリサーチャーに無理を強いる構造は、やらせを生むことになります。追い詰められた「リサーチャー作家君」が自分のオジイサンに泣きついて「モチ丸飲み」の「スーパー老人」を演じさせてしまったら、事実を「捏造」した番組ができてしまいます。

実際、番組が打ち切られた『愛する二人別れる二人』のやらせ騒動の背景にも、この構造を指摘することができます。この騒動のあと、リサーチャーに対して次のような批判・指摘がなされていました。

駒沢大学文学部教授の川本勝氏はこう言う。「局側はリサーチを含む全ての制作業務をプロダクションや下請けに丸投げしていて、やらせなどの問題が起きると真っ先に逃げる。あるいは逃げる口実にする。そういった構図ができ上っているから、リサーチャーにかかる責任も大きくなっているはずなんですが、彼らがその責任を果たしているかといえば、はなはだ疑問と言わざるを得ない状況です」（略）

上智大学文学部新聞学科の植田康夫教授は、（略）「日本の番組作りの手法そのものに問題があると思う。欧米のドキュメンタリーなどの場合は当事者が喋る場面が多いが、日本は画でみせる場合が多い。当事者が喋っていれば、自然とやらせなどなくなるのだが、日本のように画で見せようとすると、そこに間違った情報の要素が含まれることになるんです。これでは情報が正しく伝わらない。リサーチャーに関しても同じで、欧米に比べると、日本ではその職務が軽く考えられている。必要もないゲストのタレントやコメンテーターに支払う高額なギャラが、制作会社やリサーチャーの資金を圧迫し、それが結果的にリサーチ力の低下に繋がっているのだと思います」（「週刊実話」二〇〇一年九月十三日号、日本ジャーナル出版、二六、二八ページ）

リサーチャーと呼ばれるスタッフが急速に拡大したテレビ業界で、このような批判・指摘がなされる状況が生じたことは、リサーチャーとして働いている者の一人として残念な出来事だと思うと同時に、こうした批判はテレビ業界・リサーチャー全体に妥当するものではないと思っていました。

次は「日経エンタテイメント！」二〇〇〇年六月号の記事「放送作家Aが語るテレビの法則――

バラエティ時代を支えるもう一人の仕掛人」からの引用です。

企画立ち上げ会議でのこと。「藤原紀香が押さえられそうなんですが」とのディレクターの発言に、プロデューサーは「やめた。同じ藤原なら藤原組長にしようと思ってる」と発言したことがある。単なるダジャレではなかった。タレントのギャラを削って、その金でリサーチャースタッフを倍雇おうというのだ。流れは変わったようだ。（略）

リサーチャー界にもカリスマはいる。もはや歩く生き辞典状態。カリスマとなると本番前のMCとの打ち合わせにも参加する。たとえばMCに「ここの情報の詰めが甘いんじゃないの？」などと言われ、プロデューサーがピンチになるや横から「それはですね」とモバイルに接続。数分後にはカラーの資料をMCに手渡すのだ。

構成作家やディレクターに比べると女性の姿も目だつ。人材不足だしマスコミ志望の方には、おすすめの職種かもしれない。

（「放送作家Aが語るテレビの法則——バラエティ時代を支えるもう一人の仕掛人」「日経エンタテイメント！」二〇〇〇年六月号、日経BP、一三四ページ）

二〇〇〇年前後、日本のリサーチャーは欧米のリサーチャーのような専門職になりえなかった部分もありましたが、流れとしては、専門職として確実にキャリアを重ねるリサーチャーが多数活躍するようになっていきました。また、〇三年には個人情報の保護に関する法律（個人情報保護法）が成立、プロ意識＝責任感が低いリサーチャーが市町村役場などに「そんなオジイサン、そちらの地域にいませんか⁉」と電話したところで、「個人情報は教えられません」と断られるようになります。

およそ十年後、構成作家の鈴木おさむさんは、リサーチャーについて次のように書いています。

たとえば、「来週、芸人を箱根に行かせよう！」となると、リサーチャーさんは今、箱根でどんな所が人気で、なんで人気があるのか？とか、とことん調べてきてくれる。（略）ADさんがネットなんかで調べた程度じゃ太刀打ちできない。（略）ここ十年でリサーチャーさんはバラエティーには欠かせない存在になった。

で、ここから話は、二〇〇七年に大ヒットしたドラマ「ハケンの品格」に移る。（略）「スタッフの誰かが派遣ＯＬと付き合っていないと、こんなリアルな派遣情報、ドラマに入れ込めないだろ！」と思っていたら、噂で聞いた。

「あのドラマにバラエティーをよくやってるリサーチャーのＫさんが入っている」と。そのＫさんとは、僕も古くからお仕事をさせていただいているリサーチャー界のカリスマ女性。（略）

以前、別のテレビ局で一緒に仕事をしたスタッフが、日本テレビでドラマをやることになり、Ｋさんに依頼したのだという。バラエティーで活躍しているリサーチャーをドラマに入れるこ

1953―76年	1977―85年	1986年―現在
古典的なテレビの見方	現代的な見方の萌芽 古典的な見方の衰退	現代的なテレビの見方
論理的・思考的		直感的・生理的
番組を見る		テレビを見る
観る		遊ぶ
全体的		部分的
宝箱	混合モザイク期	空気
じっくり		ザッピング
虚構（芸、ねりこみ）		読み取り能力高
額面どおり		現実（ナマ）
先生、目上（見上げる）		友人、同格
堪能		感情移入・発散

図5　時代区分ごとにみたテレビ視聴の特徴
（出典：白石信子／井田美恵子「浸透した『現代的なテレビの見方』――平成14年10月「テレビ50年調査」から」、NHK 放送文化研究所編「放送研究と調査」第53巻第5号、NHK 出版、2003年、44ページ）

とを思いついたその人に、あっぱれだ！
（「AERA」二〇〇九年九月七日号、朝日新聞出版、七六ページ）

「Kさん」は、第4章に登場する喜多あおいさんです。喜多さんには、リサーチャーという職業のいま・これからについて話してもらっています。本章は、テレビはもちろん、映画や大手企業広告でもリサーチを担当している髙村敬一さんと成田慈子さんとの座談会で終えますが、「テレビ全体がバラエティー化」する以前のテレビを見ていない読者のみなさんには、この座談会に読者として参加する前に、視聴者の「テレビの見方」が変化してきたことを知ってほしいと思います。

テレビ番組は視聴者の反応に応じて変化して、変化した番組が視聴者の反応を変えていきます。この相互作用があることを理解して座談会に入れば、リサーチャーという仕事の面白さやジレンマを感じられることでしょう。

では、図5をごらんください。一九九〇年代後半に生じた番組の「オフ・ジャンル化」＝バラエティー形式の増加・多様化は、同時期に顕在化した「現代的なテレビの見方」への対応（制作側の工夫・開発の結果）として生じたものです。技術的な背景として、ビデオとリモコンの普及があります。また、九七年に本格的に導入された機械式個人視聴率調査も番組の内容や編成に大きな影響を与えました。それまでビデオリサーチ社の視聴率は基本的に世帯単位で測定されていましたが、個人視聴率測定の導入によって、その番組がどのくらいの世帯で視聴されたかだけでなく、どの性別・年代の人たちにどれくらい見られているか、わかるようになったのです。

CM時間を販売することで成立している民放にとっては、その時間あるいはその番組が、スポンサーにとって魅力的な性別・年層の人たちに見られているかどうか、が重大な関心事となる。これまで以上に視聴率、とくにF1（女性二十〜三十五歳）といった特定の視聴者層の視聴率が重視され、そうしたターゲットをねらった番組開発・編成が盛んになった。

（前掲『テレビ視聴の50年』九二ページ）

「現代的なテレビの見方」が一九九〇年代後半に顕在化したのは、生まれたときから、あるいは物心がついたときからテレビがある世代（一九五一年以降生まれ）が、全体に占める割合で半数近くになったからです。

一九五一年～一九七〇年生まれの『テレビ世代』のテレビ視聴は、映像志向、テレビへの心理的な依存傾向、テレビ視聴の楽しみ方の個性化、といった特徴をもつ。彼らはテレビ視聴の〝達人〟であり、テレビのメディア特性を熟知した〝熟練した視聴者〟である。しかも「ドラマの登場人物の気持ちになりきってしまう」ことや、「CMのストーリーを楽しむ」こともあり、テレビの世界に、感情移入したり、心を揺さぶられて楽しんだりすることのできる人たちである。もちろんリモコンを使った「面白探し」も得意である。

（白石信子／井田美恵子「浸透した『現代的なテレビの見方』――平成14年10月「テレビ50年調査」から」、NHK放送文化研究所編「放送研究と調査」第五十三巻第五号、NHK出版、二〇〇三年、三六ページ）

NHK放送文化研究所世論調査部（白石信子・井田美恵子）は、「現代的なテレビの見方」の特徴をまとめ、これと対比させる形で「古典的なテレビの見方」の特徴を整理して、図5に見るように、第一期「古典的なテレビの見方」（一九五三―七六年）、第二期「混合モザイク期」（一九七七―八五年）、第三期「現代的なテレビの見方」（一九八六―二〇〇三年）の三つの時代区分を設定しています。

この観点から、「現代的なテレビの見方」は、あまり考えたり意識したりしないでテレビを見る、いわば直感的・生理的な見方と捉えることができます。それに対して「古典的な見方」は、どちらかというと意識してテレビを見たり、見ているうちに考えたりといった、論理的・思考的な見方といえるかもしれません。

「現代的なテレビの見方」は日常生活のなかでテレビを見ているうちに、自然に体が覚えた見方である。そのため相当大きなきっかけがない限り、この見方は基本的に維持されると考えられる。また、（略）「現代的なテレビの見方」の強い人は、若い人ほど多いことから、今後ますますこの見方をする人の割合は増加するであろう。（同論文四四ページ）

この十年後の調査（二〇一二年実施）では、以下の知見が示されました。

ネット利用の広がりによる新しいコミュニケーションスタイルの一つ、ネット上でテレビに関する情報や感想を読んだり書き込んだりすることは、二十代以下の若年層に限れば、日常的に行われているといえる。テレビ五十年の時点で明らかにした「現代的なテレビの見方」は、現在も人々の間で行われていることが確認できたが、この「現代的な見方」によるテレビの楽しみ方に、こうしたインターネット利用が加わることでさらに新たなテレビの楽しみ方ができるようになれば、テレビ視聴が活性化する可能性もあると思われる。

（三矢惠子「誕生から60年を経たテレビ視聴」、NHK放送文化研究所編「NHK放送文化研究所年報2014」NHK出版、二〇一四年、七ページ）

デジタルネイティブのみなさんは、今後のテレビ視聴の変化をどう予想しますか？

4 テレビ×リサーチャー――座談会：成田慈子さん・髙村敬一さん

成田慈子（前掲）

髙村敬一（たかむら・けいいち）

一九七二年、神奈川県生まれ。明治学院大学卒業。九八年からジーワンで働く。二〇〇〇年に独立、リサーチャーとして本格的に活動。ワーニャ代表。『ザ・インタビュー――トップランナーの肖像』（BS朝日、二〇一三年―）、『先人たちの底力 知恵泉』『笑う洋楽展』（NHK BSプレミアム、二〇一四年―〔参加年〕）などのテレビ番組のほか、映画『ALWAYS 三丁目の夕日』シリーズ（監督：山崎貴、二〇〇五―一二年）や大手企業広告のリサーチを担当する。

テレビの変化 vs テレビリサーチャー

——近年、テレビ業界の働き方もずいぶん変わりました。テレビマンユニオンも夜はちゃんと帰るようになりましたか？

成田慈子 なりました。二〇〇六年に青山に引っ越してから、なりました。代々木八幡に会社があった頃は、よく床とかソファーで寝ている人がいましたけど。

高村敬一 それこそ菅将仁さんの伝説で、布団を持ち込んでユニオンに住んでいた（笑）。

成田 昼間は図書館回りをしなきゃいけないから、打ち合わせは自然、夜になって。

高村 ジーワンでも夜十二時に会議が始まったり。

——振り返ると、よくやっていたものだと。

成田 そう思います。こちらも年をとったからいまは絶対体力がもたないけど、よくできていたな、と思います。

高村 二〇〇〇年代前半から、だいぶ環境が変わった気がします。一九九〇年代はまだ、夜十時とか十二時に会議があって。

成田 横暴な人が多かった（笑）。

高村 仕事環境が変わって、横暴な人も減ったかな。テレビが憧れの職業ではなくなって、ちゃんとやってきた人を大事にするようになった。

成田　辞められたら困る。

髙村　昔は、ADをつぶすのが誇りみたいに思っている人もいた。

成田　初期の頃は、歴史上の有名人の子孫を探すなんていうのは、お墓があるお寺の住職さんに話せば自然に出てきた感じだったけど、いまはもうね……個人情報は調べにくくなった。

髙村　だから人探しをするリサーチ会社の必要性が起こったとも。個人情報とか、ちゃんとやっているると聞く会社もある。

成田　私がリサーチャーになった頃は、周りが四十歳までやる仕事とは考えていなくて、いずれディレクターや作家に……一生モノの仕事とは考えられてなかった。

――確かに、そういう雰囲気はありました。

成田　フリーのリサーチャーなんて考えられないよね、なんて会話をしたのを覚えています。だから、ずいぶん様変わりしたなって感じる。

――いいほうに変わったこともありますが。

成田　テレビがだんだん別のものになっていく感じがします。

――実は、本書の編集者から質問されたのですが、最近、構成作家がYouTuberに台本を書いたりしているけれど、リサーチャーでYouTuberと仕事をする人はいないのですかと。

成田　可能性はありますよね。

――依頼があれば、やりますよね。でも、その場合、あくまでYouTuber個人のリクエストに応じて情報提供、リサーチ報告することになります。

成田　そうなるともう、リサーチャーというくくりじゃないのかもしれないですね。ネタ探し？

――そうですね。ネタ探しや情報の裏取りなど、リサーチャーのリサーチ力にはニーズがあると思います。本書の書名「テレビリサーチャー」は、「リサーチャー」だけだとわかりにくいから「テレビ」をつけたのですが、テレビでリサーチすることには、ほかでリサーチすることと必然的に違ってくるところがあることに、あらためて気づかされました。

髙村　たとえ専門家が発信する「YouTube」であっても個人発信であれば、複数の人間が協働してマスに向けて作っているテレビとは別のものだと思う。

――そうなのです。テレビ番組の放送は、放送法に基づいて認可された放送局の公共性が求められる事業です。個人が自由な発想で発信できるメディアとは、いい悪いじゃなくて、仕組みが全然違う。BS、CSで放送事業者が増え、多チャンネル化がさらに進み、テレビを取り巻く状況は変化するにしても、テレビにはテレビの役割がある。視聴者に、バラエティー番組もタレントの「YouTube」チャンネルも大差ないとか、むしろネット動画のほうが面白いと思われてしまう事態には、どちらがより多くの視聴者に好まれるか、完成度が高いか、などという優劣の問題ではなく、テレビというメディアがあらがわなければならない問題があると思うのですが。

髙村　テレビは興味がない人も見ているという意識が大事。ネットやSNS（ソーシャルネットワーキングサービス）は、ある程度の注目で突っ走れるところがあるけど。

成田　新聞もそうですよね。ネットで見ればいいという人もいるけれど、それだと自分の興味があるものしか見なくなるから。

髙村　興味がない方に、「ここは面白いでしょ」というポイントを作って見せる作業が、重要なのかもしれない。

成田　ただ、実際には難しいですよね。例えば『ふしぎ発見！』で若い世代の視聴率が高い回があって、じゃあそれで全体の視聴率が上がるかというとそうでもなかったりする。本当に全世代に見てもらえるものって何なのか。

——でも、その問いを手放したら、どんどん小さいコンテンツに……そうするとテレビはテレビでなくなる気がします。

髙村　それは大事です。とにかく、好きな人だけに向けて作っていたら、本当に世界は狭くなりますよ。テレビリサーチャーに限定すると、大きなポイントは、映像として見せられるか。それにテレビリサーチャーのリサーチは、個人が趣味で調べるのとは違って、まず締め切りがあるし、自分の興味だけじゃなくて、客観的に、マスに対してやることだから、その表現はやめておいたほうがいいとか、そういうバランス感覚みたいなものを自分の軸でもっていないといけない。内輪で固まって、いまはそのジャンルに興味がない方を置き去りにするのはどうだろうか。きっかけを作る仕事は大事だと思います。全然興味がない人にも面白いと思ってもらえる切り口は何だろう、と考えるまでがテレビリサーチャーの仕事だと思う。

ネット情報 vs ファクトチェック

成田　ウェブ情報って、みんながアクセスできますよね。そこで「えー！」っていう情報とか、「それ知らなかったな」みたいなことは、案外難しい、出てきづらいんじゃないかな。『ふしぎ発見！』でクイズを作るときなんかは、いろいろな角度から検索してみたりして、かなり活用していますが、大宅壮一文庫や図書館に行って、本棚を見てパラパラ探したなかからネットで出てこない情報が見つかる感じで……。

高村　あとはやっぱり、人に会う、話を直接聞く。

成田　私もスポーツ関連の仕事を年に一本くらいやっていて、それはもう会うしかないです。

高村　取材で難しいところは、その人が本当のことを言っているのか、あるいは、本当のことは言っているけれど、なんていうか……。

――ネガティブな要素を隠しているかもしれない。

高村　そう、それこそ客観的に新聞検索などをして、バランスをとって。

成田　そうですね。裏を取らないと怖いものをどう判断するか。

高村　どういう基準でそう言っているのかな、というのは確認しておかないと怖い。

――ずっと前から裏取りはしているはずなのに、最近注目されるようになりましたね。

成田　ネット情報をそのまま使うケースが増えたから。
髙村　そうですね、あれは本当、はたから見ていて怖くてたまらない。
——そうですね。
髙村　専門家がいま、「Twitter」やブログで発信している時代ですからね。どの角度から、どんな指摘がきて、拡散されるか。さすがにすべては想定できない。あとネットが発達した分、興味がある人の間の常識と興味がない人の間の常識が大きく離れているという問題がある。そうですね、ネットで情報が得られるようになって、仕事が早くなったところはあるけど、全体の仕事量はなんだろう、プラス・マイナスゼロかな。ネット情報へのカウンターとして、ファクトチェックの重要性がさらに増すようになって……そういう需要は増えていくんだろうな。
成田　テレビの予算が減っているから、そうすると雇える人の数も減るから、どういうふうにやっていくんだろうな、っていうのもね。
髙村　冷静にやっていくしかない。「テレビ初」とか、煽らないほうがいい。
——安易なキャッチコピーが事故を招きますよね。
髙村　「日本初」とか「世界一」とかホント疑いなさいと、特にこれからテレビで働くかもしれない学生さんには伝えたい。二次、三次、また聞き的な情報の原典は何だろうって思ってほしい。リサーチャーだけ、気をつけていればいいという問題ではないと思うし。

わかりやすさvs面白さ

――一視聴者として思うことなのですが、ナレーションの情報量が減ったと思いませんか？

成田　思います。

――そうですよね。

成田　やっぱり、これは難しいからやめようよって、難しいものを落とす傾向が。

――ありますよね。

髙村　それは歯がゆい。

――そう、すごく歯がゆいんですよ。

成田　やっぱり、あります？

――はい。

髙村　ＢＳとか、難しいのはそっち見ればいい、みたいな。地上波は簡単に。

――ザッピングを想定して、どこから誰が見てもわかりやすいように……。でも、真面目に見ている人には物足りないだろうし。

成田　そんなこと知ってるよ！と言われそうなことを懇切丁寧に説明したりしているから、どこに基準があるのか、いまわからない。

――すごくナレーションが気になっているところで。

成田　私も気になる。

高村　それはホント、よくないところ。

成田　なんか面白さを消してるな、内容を薄くして。

——そうなんですよ。長いナレーションは聞いてもらえない傾向はあるのかもしれないけれど、そういう思い込みも大きいのかなと。

成田　ありますね。それと、わからない単語はダメだよって入れない方向にあるけれど、でも、なんとなく雰囲気でわかればいいんじゃないかな。雰囲気さえ伝わって、わからないことが気持ち悪くなければ、全然見てもらえるんですよね、難しくてもね。

高村　ありますね。朝、『仮面ライダーゼロワン』（テレビ朝日系、二〇一九—二〇年）をたまたま見ていたら、「シンギュラリティー」という言葉が出てきて。

——まさに雰囲気でいけている例ですね（笑）。

成田　去年、『ふしぎ発見！』でかなりいい視聴率を取ったのは、ヒッタイトが鉄を作ったという定説を覆そうとする、難しいことをやった回でした。興味さえ引っ張れれば、難しかろうがなんだろうが。

——むしろ、そういえばよく知らないなってことのほうが、手を止めて見てくれるかもしれないですよね。

高村　それは本当に。わからないけど何か面白そうだなっていうのは、大事にしないといけませんね。

――まあ、キャッチーな映像は常に求められますけど。

成田　大事です。映像が伴わないなら再現ドラマを作ろう、とか。

――再現だって簡単じゃない。いざ映像にしようとなると、あらためて調べなければならないことが結構出てくる。

高村　映画『ALWAYS 三丁目の夕日』をやったとき、オーダーが「そこくるんだ」って面白かった。「昭和三十年代〔一九五五―六四年〕の上野駅の地下は何色だ？」とか、「言われてみると」っていう。あと、「上野駅の構内放送を再現したいけど、どうしたらいい？」とか。まあ、鉄道なので詳しい方を探して、再現してもらって。その映像を鉄道好きの制作会社の社長がとても喜んでいたと、あとでスタッフが教えてくれて。

――「言われてみると」という思いがけない問いをもらえると、私もそこでテンションが上がります（笑）。

成田　私も、阿部定のリサーチで、彼女の取り調べをした予審判事の子孫を探してと頼まれたことがあって。「裁判官は普通、辞めたら弁護士になりますよ」と教わって、昔の職業別の電話帳を引っ張り出して、そこで名前を探して見つけた。同じ住所に同じ苗字の人がいる、子孫だ！みたいな（笑）。ちょっと探偵みたいで、面白かった。

高村　そう、探偵みたいなこともしますよね。

——仕事として引き受けたからこそできるリサーチってありますよね。それを楽しく感じられる人は、この仕事を続けてしまうんでしょうね。

高村　でしょうね。自分のやりたいことだけやってたら、できる枠がある。こういう仕事だから、そういうことが面白いってありますね。

コラム　座談会こぼれ話──髙村敬一さんの手土産

実は、私が成田さんと話すのは、本書のインタビューが初めてでした。それにもかかわらず、成田さんの仕事についていろいろ耳にしていたのは、成田さんがリサーチャーに採用される際の面接官を務めた木村可南子さん（当時、テレビマンユニオンの海外プロデューサー）がのちにリサーチ会社を設立して、私はその会社に就職してリサーチャーになったという縁があったからです。

とはいえ、直接面識はないわけですから、どうやって成田さんにアポイントメントをとろうかと思っていたところ、国立国会図書館で髙村さんにばったり会って立ち話──ほんの数分で髙村さんが成田さんに電話、インタビューを申し込んでくれたのです。できるリサーチャーは仕事が早い。

話も早い。「実は以前、個人的な興味でリサーチャーについてちょっと調べたことがあった。雑誌なんかだと、リサーチャーはキツイとかブラックだみたいな記事もあって……。フォーミュレーションとか、あそこは大手だし老舗だし、取材受けてくれるんじゃないかな……リサーチャー史は興味あるな。成田さんの話、自分も聞いてみたい」

髙村さんが興味をもって加わってくれるなら、私としては願ったりかなったり、ありがたいかぎりなので、「ぜひ、髙村さんも！」とお願いして、座談会が実現しました。

取材当日、髙村さんはリサーチャーらしい手土産を持参してくれました。本章第1節に引用した新聞記事です。この記事は、私をリサーチャーにしてくれた木村さんから「リサーチャーはかくあるべし」と手渡された思い出のある、私にとってリサーチャーとしての大事な原点でした。

木村さんには大変お世話になっておきながら、退社後は不義理をしてしまい、会社を閉めたと知ったのは人づてという始末で心苦しく思っていました。この日、成田さんから「木村さん、仕事を離れてのびのびやってるって、噂に聞きました」と教えてもらい、勝手ながら気を和ませ、髙村さんの手土産の新聞記事を懐かしく再読して、やはり大事な記事だと思い、引用しました。

第4章　テレビリサーチャーの育成と就職

——インタビュー：喜多あおいさん

喜多あおい（きた・あおい）

一九六四年、兵庫県生まれ。同志社大学文学部卒業後、出版社、新聞社、作家秘書などを経て、九四年に『なるほど！ザ・ワールド』でテレビ番組リサーチャーになる。九八年から㈱ジーワン内に調査部を立ち上げ、現在、㈱ズノー執行役員、同社「知的生産計画室」「辞書と事典の資料室」室長を兼務。『行列のできる法律相談所』（日本テレビ系）、『ファミリーヒストリー』（NHK）、『サワコの朝』（TBS系）、『家売るオンナ』（日本テレビ系）など多数の番組を担当するほか、映画・広告・教育・官公庁、一般企業・講演活動など幅広い分野で活動中。「放送ウーマン賞2014」受賞。著書に『プロフェッショナルの情報術――なぜ、ネットだけではダメなのか？』（祥伝社）、『必要な情報を手に入れるプロのコツ』（祥伝社黄金文庫）、『勝てる「資料」をスピーディーに作るたった1つの原則』（マイナビ新書）。

1　テレビリサーチャーの適性診断

——喜多さんは数多くのバラエティー番組や情報番組を担当してきただけでなく、リサーチャーの活躍の場をドラマ分野へも広げた第一人者として有名です。情報を提供しているコンテンツも多岐にわたり、テレビにとどまりません（図6）。また、情報のプロフェッショナルとしてラジオやテレビに出演していますし、企業や大学で講演もしていますから、喜多さんの会社で働きたいと希望する学生も少なくないのではありませんか？

「リサーチャーになりたいです」「調べものが好きなんです」と、飛び込みだったり、人の紹介だったり、あるいは私の本を読んで連絡してくる人がいたり、アプローチは多くありますし、私のほうでもスタッフ、メンバーとしてやってくれる若い人のウオッチングやハンティングは怠っていません。ですが現在、「新卒採用試験」はおこなっていません。

ジーワンにリサーチの部署を立ち上げた一九九八年から十年ほどは、会社全体で、制作志望・リサーチャー志望・構成作家志望で百人単位の新卒採用試験をおこないました。それから十年以上、新卒採用試験をやっていないのは、やった十年で、どんな人がリサーチャーに向いているか、私のミッションにしっくりくるか、ということが非常に明確になってきたからです。

——新卒の一括採用はやめて、さまざまにアクセスしてくる就職希望者に門戸を開いているということですね。人の紹介やハンティングの場合、経験者や職歴をもった方が多いと思うのですが、未経験者でも採用しますか？

はい。多いのは中途採用ですが、新卒の場合もあります。私はこの仕事をするのに経歴は関係な

〈情報バラエティ〉 ※過去担当番組も含む

『行列のできる法律相談所』『ガッテン！』『林先生が驚く初耳学！』『ぴったんこカン・カン』『FNS27時間テレビ』『嵐ツボ』『ジョブチューン――アノ職業のヒミツぶっちゃけます！』『1番だけが知っている』『SmaSTATION!!』『SMAP × SMAP』『オデッサの階段』『お願い！ランキング』『タイムスクープハンター』『なるほど！ザ・ワールド』など

〈クイズ〉

『クイズプレゼンバラエティー Qさま!!』『超タイムショック』『オールスター感謝祭』『クイズ 日本人の質問』『日本一短いクイズSHOW シャープに答えて！』など

〈ドラマ・映画〉

『ハケンの品格』(2007年)、『Around40――注文の多いオンナたち』『任侠ヘルパー』(ドラマ・映画)、『フリーター、家を買う。』『生まれる。』『外交官 黒田康作』(ドラマ・映画)、『それでも、生きてゆく』『妖怪人間ベム』『泣かないと決めた日』『怪盗 山猫』『学校のカイダン』『エイジハラスメント』『家売るオンナ』『地味にスゴイ！校閲ガール・河野悦子』『黒革の手帖』『3年A組――今から皆さんは、人質です』『東京独身男子』『俺のスカート、どこ行った？』『これは経費で落ちません！』『生田家の朝』『引っ越し大名！』など

〈教育・ドキュメンタリー・報道系〉

『ファミリーヒストリー』『サワコの朝』『セブンルール』『NHKスペシャル』『あさチャン！』『ろんぶ〜ん』など

〈官公庁・企業・イベント・広告・出版〉

経済産業省「平成24年度我が国情報経済社会における基盤整備（我が国のデジタルコンテンツ等に係る海外展開の推進に関する調査研究事業）」、「嵐のワクワク学校」「大手百貨店展開コンセプト」「少年ジャンプ＋『呪術廻戦』『終末のハーレム』」など

図6 喜多あおいさんの仕事
＊情報を提供するコンテンツは多岐にわたる

いと思っています。もって生まれた本来の資質、調べもの好きかどうかを重視します。

——具体的には、どのようなテストで、どのような人を採用するのでしょうか？

私が最初にする質問はたった一つです。「テレビが好きなのですか？　調べものが好きなのですか？」

私は「テレビが好きです」という人は採用しません。テレビが好きな人が続く仕事ではないからです。テレビにとても興味がある人たちは、この仕事が続かないことが多いです。このことはリサーチャーという仕事の本質につながる大きな特徴で、つまりリサーチャーの資質はそこに尽きるともいえます。

リサーチャーはテレビの歴史のなかでは最も後発の職種です。番組制作のメインになるプロデューサー、演出家、構成作家、彼らが自分の力でやれると思っていた仕事、やっていた仕事を「忙しいから、そこに手が回らないからそこをお願い」ということで、この仕事が胎動しました。リサーチャーという仕事が専門業として成立することを業界に知らしめたのは、おそらく『世界ふしぎ発見！』と『なるほど！ザ・ワールド』、この二つの情報バラエティー番組だと思います。リサーチを専門にするスタッフがいると、情報の質と量がまったく違ってくる。それが次第に明確になってきたということですね。

そういう誕生の背景があって、テレビ番組制作の分業の最終段階で生まれたリサーチャーという仕事は、一つの番組を制作するチームの一員でありながら、制作の最終段階にタッチしないことも多くあります。リサーチ報告を渡したら最後、自分が見つけてきたものがどう変わるかには口出しができない。そこにとらわれていると、ものすごくフラストレーションがたまる。うまくいかない、提案したネタが採用されないことも日々あります。

リサーチャーに仕事を依頼する、発注者になるのは、プロデューサー、演出家、構成作家ですが、発注者の立場が違うと、その意向も違ってきます。とはいえチームプレーですから、リサーチャーはそれぞれに的確に応えるため、望まれるものを見極める力がとても重要になります。テレビってオリジナルの発想や、思いの丈で作っている人が多いんですけど、望まれるものを見極めて依頼に応えなければならないリサーチャーという仕事では、自分自身の思いの丈、過剰な自己表現は、そのじゃまをします。

テレビが好きだと、番組制作の最終段階まで関わりたくなる。もしくは自分が提案したものが番組にどう反映されるかに強いこだわりが生まれてきて、フラストレーションがたまります。よほどの精神力がないと仕事を続けていけないということがあるのです。それに、テレビが好きな場合は、こんなものを作りたい、あんなものを作りたい、あんなものに関わりたいと、自分の思いの丈が前に出てきちゃうんですよね。そうすると、発注者が望まないものを押し付けるようなリサーチになってしまう。

そういうわけで、「テレビが好きなのですか？　調べものが好きなのですか？」と聞いて、テレビが好きな人にはお引き取り願います。

テレビが好きというよりは、調べものの行為そのものが好きなほうがいい。あとは、私のところで長続きしている人たちを見ていると、共通するタイプのようなものがあるので、そうしたタイプであるか否かがわかるような試験をすることが多いです。

――どんな試験をするのですか？

非常にタイトな時間設定で、検索では答えが出ないことを課題として出してみる。そうするともう、いっぺんにわかります。なぜわかるか……その追い込まれる状況の話をしたときに、目がキラッてする人、えーっていう人、もうこれで、わかりますね。

［青弓社編集部（以下、編集部）］キラッとする人、いるんですか？

長続きしている人は、ほぼほぼキラッてします。しますよね、高橋さん？（笑）　掻き立てられますものね？

――はい。状況を想像して、ちょっとテンション上がりました（苦笑）。

そこで、えーっていう人は、この仕事は無理です。たぶん続かないです。だって、そんな状況しか、日々続かないですから。昨今、「働き方改革」の影響は確実に出てきていて、身体的な負担は減っているんですが、そのことと、「ストライクの報告」ができるか否かのプレッシャーは、別なんですよね。

――そうですね。

調べものをする職種はいろいろありますが、テレビのリサーチャーがそれらと違うところは、調べる事柄のバリエーションに際限がないということと、自分の予想をはるかに超えた依頼がやってくるということです。そのことを楽しめるかどうか……。そしていまの時代、大切なことは、気合じゃなくて、ちゃんとした知恵と知識、情報スキルで乗り越えられるか、ということです。

課題が提出されたら、そのあとはフィードバックタイムです。必ず講評をします。このときもまた、仕事が長く続く人かどうかがわかります。

［編集部］その受け答え、コミュニケーションの仕方でわかるということですか？

そのときの受け答えでもわかりますし、「もう一つ、明日もやってみようか」と、二回目のトライの成果物に前の講評の結果が反映されているか、というところでわかります。

イエスマンであってほしいわけでもないですし、捨てられた子犬のような目だったから、ということでもないです（笑）。何か吸収しようとする姿勢があるか、自分のマイナスポイントを自分で発見できるか、つまり、自分で軌道修正できるかということと、ずばり、マイナスポイントの指摘に耐えていくメンタルがあるかということです。饒舌である必要はなくて、微々たる前進でも見逃さないように、こちらも真正面から向き合います。

2　リサーチ力を生かす！——リサーチ会社の選び方

先ほど「経歴は関係ない」といいましたが、基礎学力は徹底的に見ます。情報バラエティー番組では基礎学力が功を奏する場面が多いので、積極的に採用するという意味です。そうじゃない人がダメだという意味ではなく、ただ、時間との闘いで不利になるので。

自分がまったく知らないテーマがきたときには、幼稚園児が二、三日で東京大学生になるぐらい勉強することになります。それはゴールじゃなくて、調べものを始めるためのウォーミングアップです。「幼稚園児が東大生になる」、この期間が、基礎学力があるほうが短くてすむということです。ほかには、「いまの時代を一緒に生きているか」ということがわかるタイプのテストをしています。例えば、いまなら「ＧＡＦＡ＋Ｍ」、わかりますか？

――わからないです。

これは情報インフラを示しています。これがピンとくるかどうか。いまの学生さんたちはみんな、即答します。ＧはGoogle、ＡはAmazon、ＦはFacebook、ＡはApple、ＭはMicrosoftです。三十代までの若い人の場合、これをパッと出したときに、何のことかピンときて、これがわかるという人でなければ、いまのタイミングでは採用しないかもしれないですね。いま、私が若い人に求めるのは、デジタルネイティブであることのアドバンテージなので。学生さんたちは、これはもちろん、「ＢＡＴＨ」も即答です。「ＢＡＴＨ」、ご興味あれば調べてみてください（笑）。

この基礎学力や情報力とは別の視点で、リサーチャーに有利な資質があります。就活中の学生さん向けに大学で話すときには、「調べることは検索ではありません、思索です」というところから入りますが、そんな高尚なことは置いといて、現実を見たときに、「インターネット検索が得意」であるに越したことはないです。検索が得意な人は、検索という行為が適したテーマの仕事をすればよく、その需要も大きいです。

私の場合、さまざまな依頼に二つのチーム編成で対応しています。一つは、スペシャリストな人たち〔普段、個人でリサーチ依頼を受けている、得意分野で実績があるフリーランスのリサーチャー：引用者注〕の力を借りて、より専門性が高い、深みがある情報とのコラボレーションにしてクライアントに喜んでもらうタイプのチーム。もう一つは喜多が指定した項目のリサーチ行為に専念する〔発注者と直接関わる受注や報告をしない：引用者注〕タイプのチーム。

リサーチすることは非常に得意でも、発注者が何を求めているかを読み取ることが苦手な人は多いですし、発注者が望むリサーチができていても、その報告・プレゼンテーションが苦手な人もいる。これまでリサーチャーという仕事をするには現場に出ること〔打ち合わせに出る、会議でプレゼンすることなど：引用者注〕が伴うため、リサーチスキルはあるのに辞めていった人たちがいっぱいいるのです。私はそうした人たち、調べもの好きプレーヤーたちとコラボレーションしたい。そう思って体制を整え、いままさにその力を借りています。どちらのタイプの方でも、リサーチャーとして歓迎です！

――分業というか、喜多さんが監督する、選手一人ひとりの得意な手法を生かすチームがある。そういうチームのリサーチャーになるという選択肢もあるということですね。

自分は何が好きかではなく、何が得意で何ができるかをまず知っておく。何のツールを使った調べものが得意かで、力の発揮先が大体決まってきます。なので、それがはっきりすると、自分はどこのリサーチ会社の門を叩けばいいのか、どこの就職試験を受ければいいか、わかってきますよ。

［編集部］それは、例えば大手のリサーチ専門の会社のほうがいいとか、テレビ制作プロダクションの一部門のようなところのほうがいいとか、そういうことですか？

そうではなく、リサーチ会社には「担当番組分野」のカラーがあるということです。いまは単独のリサーチ会社もたくさんありますし、制作会社のなかに作られているリサーチ部門もあれば、子会社や関連会社として運営されているリサーチ会社もあります。いずれにしても、テレビ番組のリサーチ会社は、それぞれの取引先、担当番組の傾向に対応するため、そこに特化したリサーチ手法を得意とする場合が多いということです。

まず、自分は何を使った調べものが得意かを知る。それを知ってテレビを見れば、その得意なもので調べられてできあがっている番組がわかる。番組がわかると、クレジットでリサーチを担当した人の名前、もしくはリサーチ会社がわかる。いろいろ番組を見て、自分が好きな番組じゃなくて、自分が得意な手法でリサーチ成果が残されているような番組を見つける。そして、その番組のリサーチをしている会社の門戸を叩く。それがハッピーなリサーチャーライフを送るいちばんの近道かな。

クライアントとは接触せず、リサーチ行為だけに特化して、自分の得意なスキルを発揮したいタイプの人は、たくさん同僚がいて、勤務時間が決まっていて規則正しく働ける会社を選ぶのがいいかもしれませんね。

3 敵はAI!?——リサーチャーの育成

［編集部］ご自身のスタッフ、チームのリサーチャーを育成するなかで当然、調べるスキルを教えると思うのですが、それは具体的にどういう形で、教えることをどう意識して実践していますか？

教えることに関しては、親切バージョンと不親切バージョンがあります。親切バージョンはおもに「調べ方」を教える。不親切バージョンは「調べるとは」を教える。

具体的には、最初「まずはあなたのやり方で」とリサーチテーマだけを渡します。そして、成果に関しての徹底的なフィードバック。そこで不親切バージョンは、「これは望んでいたものではなかった」とだけ、ズバリ明確に伝えて、どこが望んでいるものでなかったか、そのポイントは自分で考えてもらう。もしくは、少しのヒントを与える。それを何回か繰り返すと、勘のいい人は自分でどんどん考えて変わってきます。

勘の悪い人には親切バージョンで、ヒントを豊富に出して、ポイントをだんだん狭めていく。つまり、リサーチするべきことをこちらの主導でフォーカスしていくというやり方です。それでも成果が上がらなければ、最後はもう、調べ方とツールをサジェスチョンする。

例えば、「Google」で検索する場合、調べるテーマの事柄を、単純な固有名詞を指定して検索しているみたいな人に、「接続詞で検索するとか感嘆詞で検索するとか、そうすると人の本音にリーチする確率が上がるよ」とか、本人の進行の具合とテーマに即して、アドバイスを変えていく。クライアントにオーダーメイドで対応する癖がついているので、人の育て方も全部オーダーメイドです。その人の個性ありきで。それがいちばん早いし、確実。

［編集部］そこには、ある種の面倒くささも出てきませんか。バリエーションが人のぶんあるのですから。それに対してのネガティブな思いは、湧いてこないですか。面倒くさいな、みたいな。

何を言うと昨日よりいい答えが返ってくるか、考えることが好きなんですよ。リサーチの方法論と困難な場面が好きなので、それと一緒です。進歩が滞っている人に、何のタマを投げるといいのかって考えていると、私自身のスキルもアップデートします。

［編集部］では、あえてネガティブなことをうかがうと、どうしてもさじを投げてしまった、一緒に仕事しようと思ったけれども、結果的にごめんなさいっていうか、お互いに合わなかったねって場合もあると思うんですが。

ありますす。それははっきりしていて、私の場合は、ダメ出しを受け入れられない人ですね。「悪い結果だよ、望んでいるものと全然違うよ、よくないよ」って伝えたときに、「そうは思わない」とか「自分の言いたかったことはこれです」とか。咀嚼の前に、拒絶がある場合。そこのところは、双方の不幸なので、もう即、お互いに方向転換したほうがいい。とはいえ、私との相性だけの問題なので、その人にリサーチのスキルがあったら、別の会社を紹介したりもします。会社を移って、長く頑張っている人と現場で会うと、とてもうれしいです。なかには調べものが得意なディレクターになった人もいますよ。

[編集部] そこは明確なんですね。

そこは明確です、お互いの幸せのために。決断は早いほうがいい(笑)。

リサーチ会社には二つのタイプがあって、担当番組について、一人前にする育て方をしているタイプのリサーチ会社もたくさんあるし、そういう数人のエースプレイヤーがいて、その後ろで補助的に、しかしあることに特化して得意な人たちがバーッと大勢、得意部門をやっている、それの総合卸というか、商社みたいな形でやっているタイプもあります。

私は、あれもこれもやるのが好きだったので仕事が広がったのですが、専門性がある歴史番組や科学番組、ドラマなどと、タレントさん中心のド真ん中のバラエティー番組と両方をやっている人は、少ないかもしれません。でも、両方できるのは、たった一人でやっているのではなくて、今回のこのテーマだったらこの人、この人っていうチームがあるからこそ。

ただし、そこで集まってきたものを右から左へということはありえなくて、クライアントの依頼にピッタリくる仕様にレジュメ内容をブラッシュアップするとかは必須の工程。集まってきたリサーチ内容が取れ高ゼロのときもあるので、そうしたら自分でもう一回全部やり直すこともあります。ですが、チーム制にすることで、担当できる番組のバリエーションも圧倒的に増えましたし、クライアントにも喜んでもらえる。だって、一件の成果物に脳みそが四、五個入っているわけですから。チーム制であって、アシスタント制ではない……ここがポイントだと思っています。

――バラエティー番組の場合、リサーチできる時間が非常に短いですよね。そこで脳みそ四、五個分のクオリティーを実現しているのは、本当にすごいことです。

テレビの枠のなかでいちばん多くリサーチャーが働いているのは、情報バラエティー番組。仕事の量としても圧倒的にたくさんあります。そうしたバラエティー番組の場合、メールで依頼がきて、メールだけで納品ということが、ものすごく多くなりました。これから先、どんどんそうなっていくと思います。そう思っていたら、COVID-19への対応で、今年一気に、リモート化が進みました。あらゆるところであらゆる人の削減が始まっているので、かつてのように大会議室に複数のリサーチ会社、多数のリサーチャーが入ってリサーチ報告するような形式ではなくなっています。

五年前とか十年前の時点でリサーチャーになるのと、いまの時点でリサーチャーになるのとでは、本当に環境が激変しています。刻々と変化していて、リサーチャーを職業としてやっていける人も増えましたが、椅子の争奪戦は熾烈になっている、と感じています。

ここから先、家から一歩も出ないでリサーチャーとしてやっていける時代がくるでしょう。だから、敵はＡＩ。「人を介さずに、必要な情報が安く出るほうがいい」と、とても大きな番組のプロデューサーにはっきり言われました。

いまの世の中、パソコンがあれば誰でも検索で情報収集することができます。より簡便に、的確に欲しい情報が検索できるように技術が進化していくなかで、リサーチャーとして戦っていくには、いまいちばん新しくていちばん成果が上がる調べもののツールに対して、そのツールよりも常に自分のほうにアドバンテージがある何かをもっていなくてはいけない。

これからの人は、新しいツールのいい使い手になるタイプを選択するならば、そのスキルを生かせる場でリサーチャーになることもできる。でも、スペシャリストを目指す、唯一無二のオンリーワンになっていこうとするならば、検索だけでは太刀打ちできない現場から逃げないでやっていけるかどうか、ということになると思います。

4　テレビリサーチャーのいまとこれから

――いま、戦うべき現場が変わってきている。それはテレビ業界を取り巻く環境の変化とも関わっていることで、例えば、YouTuber に構成作家がつくような例が出てきましたが。

はい、そうですね。私はテレビ以外の現場でいうと YouTuber にリサーチ提供することも多いですね。ただし、YouTuber からの直接依頼ではありません。YouTuber が自分たちでやっていることをさまざまなプラットフォーム配信でやるといったように予算やスポンサーがついた場合に、そのプラットフォームなどから発注がきます。そうした場合、制作しているのはテレビの制作会社であることも多いようです。これからは動画配信のほうのクライアントも増えていくことになると思います。

いまのところ、YouTuber からの個人発注はありませんが、コンテンツをずっと提供し続けなければならない立場の人は、みんな立ち行かなくなったりとか、ステージが大きくなったりすると、誰かの力を借りる必要を感じたりする。そうなると、やはりリサーチャーが必要になってくるのではないでしょうか。

「リサーチャーって何ですか？」とよく聞かれるのですが、私は「サービス業です」と答えることも多いし、「憑依芸です」と答えることも多いです。サービス業というのは、相手が望むものをきちっと納めるべき業ということです。憑依芸というのは、発注者を憑依させて、発注者が何を探しているのかを把握するということで、つまり、最初に戻りますが、自分が調べたいことを調べるのではない、ということです。

私のところでは、コマーシャルのためのリサーチ依頼も多いです。媒体縛りはナンセンスで、主役は常に情報なのです。テレビ番組のリサーチャーは、その情報が生み出される場や提供するリサーチの発想で、縛りがなく、限りがない、どんなクライアントの要望にも対応可能な柔軟な仕事です。

私は、情報を提供する際には人の顔を思い浮かべます。ものすっごい気が短い、報告書なんて読みたくない、パパッと答えだけ知りたいという人たちの場合、まず字のポイントが小さいとか、絵や図が一つも入ってないとか、結論から書いてないとか、そういったものを送ると、もうこのリサーチャーには依頼しないとか、もしくは、ものすごくいいことが書いてあるのに、うう〜ん、よくわかんない、ということになります。バラエティー番組の現場は時間がタイトですから、往々にしてそうなりがちです。

ところが、そのバラエティー番組の現場のなかでも、報告書を読みたくてたまらないタイプの演出家がいることもある。読みたくてたまらない演出家、しっかりわかりたいという人のところに、簡易なものや稚拙なものを送ると、あ、不勉強だね、足りてないってことになるかもしれない。難しいですよね、クライアントの好き嫌いにジャストするって。

こうしたテレビで培ったオーダーメイドなリサーチ報告は、媒体やクライアントが変わっても同じことで、情報をオーダーメイドでサービスするリサーチャーの仕事に変わりありません。

――リサーチャーのニーズがテレビの外へ広がっている。それは多分に喜多さんのご活躍あればこそとも思いますが、情報媒体が増えているわけですから、リサーチャーが必要とされる場も増えるのかもしれませんね。

いまの時代のテレビ番組のリサーチャーを経験しておけば、ここをスタートラインにしておけば、情報のピックアップの仕方、生かし方、望まれる出し方、そこをもっておけば、何の媒体がどうなろうとも怖くないというか、自分の経験値でやっていけるということでしょうか。希望的観測も含めて（笑）。

――テレビの内側でも、ニーズの変化はありませんか？

私の場合、この数年、テレビに関していちばん増えてきたのがコンプライアンスチェックです。どういうことかというと、ネガティブチェックの報告です。

［編集部］それは大変ですよね。

大変ですね。修正・変更を提案する際には、代案の視点も必要ですし。

――そうなんですよね。校正ともちょっと違いますよね。

はい、気になる点がわかったうえで放送するか、ほんの少しニュアンスを変えるか、そういうことを検討するための材料・資料を、調べたうえで提供するわけです。

テレビ番組のリサーチャーであることで、大きな、忘れてはならないことは、テレビ番組はとても多くの人が、誰でも簡単に見られるということです。ネガティブチェックをするときには見る側の視点になって見ます。このとき感じる、自分が提供する情報に対する責任感は、ほかのものと格段に違います。テレビ番組は多くの人が見るのを念頭に置いた仕事をすることだけは、今後、どんなに制作の現場が変わっても、リサーチャーの携わり方が違う形になっても、意識しなければならないことだと思います。

一口にリサーチャーといっても、現在、その仕事の内容、仕方、携わり方は多様で、テレビ以外の媒体にも広がっています。これからのテレビ番組制作でリサーチャーを目指す人は、自分が何に向いているのか、どこで力を発揮できるのか、その見極めが肝心です。これからの未来、ＡＩに取って代わられうるところもあるからこそ、そこをわかっていないとちょっと甘くないよ、ということです。腕が鳴りますね！

コラム　著書紹介――喜多あおい『必要な情報を手に入れるプロのコツ』

二〇一一年、喜多さんは『プロフェッショナルの情報術』を上梓しました。タイトルのとおり、リサーチ界のカリスマと称される喜多さんが、その実践スキルとテクニックを惜しみなく紹介した良書で、その文庫版が一八年に出版された『必要な情報を手に入れるプロのコツ』です。

リサーチ戦略の立て方、情報ソースの使いこなし方、情報の分類・整理の仕方（レジュメの作り方）、さらに情報に強くなる習慣術まで、豊富な経験をもとに述べていますから、リサーチャー志望の読者には必読書としてお薦めします。また、リサーチャーを志望するわけではないという読者でも、課題のレポート作成に役立つこと請け合いです。

喜多さんの著書の魅力は、事例とともに示される「基本」「原則」の説得力、サービス精神あふれる注とコラムにあると思います。一部を引用しましょう。

■情報を扱うプロの三原則

リサーチを始める前に、情報を扱う上で守らなければならないルールがあります。これを守らないと、せっかく集めた情報の信憑性に疑いをもたれてしまうことになりかねません。情報を扱う上での基本として覚えておきましょう。

（1）出典明記と原典主義

第一のポイントは、情報の出所、つまり出典と原典についてです。その情報はどこからのものなのか、信頼できる媒体なのかを吟味するということ、そしてどこから情報を得ているのかということを明確にすること。これは鉄則です。「どこで見たのかわかりませんが、こういう情報がありました」ではまったく説得力がありません。

出典が確認できない情報は外に出さないということを厳守しましょう。リサーチ結果をまとめたレジュメにも、当然出典情報は欠かせません。（略：出典の書き方〔例〕および原典〔一次資料〕の解説）

（2）複数ソース主義

情報の信頼性を確認するには、「裏取り」が欠かせません。一カ所の情報源に頼るのではなく、同じことが他の媒体にも載っているか、そしてどう扱われているかということを確認するひと手間を惜しまないことが複数ソース主義です。（略：一つのニュースソースに頼ることの危険性について解説）

（3）アフターイメージ

第三のポイントは、情報が与える影響をイメージすることです。

影響をイメージするというのは、情報が自分の手元を離れた後、ひとり歩きしたときに、どんなふうな受け止められ方をするのかを考えるということです。

テレビ番組の会議で、私の報告した情報がウケるのかウケないのかということも、ひとつの影響です。

私が調査した情報が加えられて番組が作られたときに、視聴者はどう捉えるのか、そのことをよく知っている専門家がどう考えるのか、その情報が誰にどんな影響を与えるのかということを意識せずにはいられません。

ある人にはおもしろくても、誰かを不快な思いにさせることにならないか。そういったことを考慮することなく情報を扱ってはいけないと思うのです。

（前掲『必要な情報を手に入れるプロのコツ』五〇―五六ページ）


本書の読者にとって、この「三原則」は既視感を覚えるものではないでしょうか。喜多さんが明確に提示した「三原則」は、リサーチャーにとって基本・原則ですから、必然的に菅さん、成田さん、髙村さんの話のなかでも言及されていました。
（1）（2）で省略した文章には、いずれも具体的な事例で読者の理解を促す解説があります。実際に『必要な情報を手に入れるプロのコツ』のページを開いて、読み比べてみてください。右の引用で「三原則」を把握することができますが、省略した部分があることで、読者の理解にどのような効果を生み出しているか、実感できるはずです。

リサーチャーは情報を集めるだけでなく、それを伝えなければなりません。どのように伝えるかによって、受け取る側の反応は違ってきます。情報を魅力的に伝えるには、ある種のサービス精神が必要です。例えば、注の六十五番――。

65【京都・岡重の筆ペン】
手書き・手染めの色彩技法、京友禅を百五十年以上にわたり受け継いでいる老舗「岡重」が製造・販売。筆ペン本体には軽く丈夫な合成樹皮を採用、漆塗装を施し重厚感のある仕上がり。穂先は合成樹脂でできていて、一本一本の毛先まで細く処理されているため、ほどよい弾力性としなやかさ、抜群の書き味を誇る。ペンと布袋を自由に組み合わせられる。

（同書一三三ページ）

私は筆ペンに何の興味もなかったのですが、最後の一文にグッと引き付けられ、思わずググりました。筆ペンを携帯するなど考えたこともなかったのに、バッグに筆ペンを入れてみることを想像して、持ってみたくなったのです。

自由に組み合わせられる布袋は、筆ペンの性能を伝えるという目的からすれば補足情報ですが、「岡重の筆ペン」の魅力を伝えるには外せない情報です。「岡重の筆ペン」を紹介するからには、その魅力を読者に伝えたいという喜多さんのサービス精神に、一読者として私の心は動かされたわけです。

『必要な情報を手に入れるプロのコツ』は四章からなり、各章にコラム「テレビリサーチの現場から」が設けられています。どのコラムも説得力とサービス精神に満ちています。

クイズ番組の現場については「寿命が縮む「ピンポン」「ブー」」のタイトルがついています。本書の「はじめに」で四択クイズを例にリサーチャーの仕事（裏取り）を手短かに紹介しましたが、クイズ番組の多くは、二択・四択など選択肢がある問題ばかりではありません。選択肢がない問題では、解答者が予想外の答え方をしたとき、それを正解とするか否か、その場で判定が必要になります。番組によりますが、その判定をリサーチャーが担当する場合もあります。「寿命が縮む「ピンポン」「ブー」」――スタジオの緊張感、リサーチャーのプレッシャーを、ぜひ追体験してみてください。きっと、テレビの見方がちょっと変わりますよ。

第5章　テレビリサーチャーがなぜ必要なのか

リサーチャーの仕事をあえて一言でいえば、「番組（映像コンテンツ）制作に必要なさまざまな情報を提供する仕事」となります。では、その〈情報〉とは何でしょうか。喜多さんの話にあったように「これからの未来、ＡＩに取って代わられうるところもあるからこそ」、本章は、そもそも〈情報〉とは何か、という問いから出発したいと思います。

ここでは、テレビの制作現場やリサーチャーの仕事からいったん離れて、基礎情報学のテキストを開きます。たとえるなら、社会科見学を終えて教室に戻ったつもりで、ちょっと頭を切り替えてください。

1 〈情報〉とは何か

基礎情報学は、三つの情報学（情報工学・情報科学、応用情報学、社会情報学）の概念的ベースになる学問で、情報社会の現実問題に対処するための理論的な見通しを得ることを目的としています。

基礎情報学では、「情報とは、人間にとって、より広くは生物にとって、「意味」すなわち「価値」をもたらすもの」とされます。この定義は、一般的な国語辞典に記載されている定義（日常生活で「情報」という言葉が用いられる場面での意味内容）の範囲に収まらないものなので、戸惑う読者もいるかもしれません。ですが、情報を検索すれば得られるものだと考えていては、「これからの未来」を生き抜いていくリサーチャーになれないと思いますし、リサーチャーにならずとも〈情報〉について理解を深めることは、「これからの未来」で生きていくみなさんにとって有益だと思います。

以下、高校生の情報教育の教科書として企図された西垣通『生命と機械をつなぐ知――基礎情報学入門』(高陵社書店、二〇一二年)を要約・引用しながら、〈情報〉について理解を深めていきましょう。

〈情報〉は生物の主観的な行為とともに出現する

「情報とは、人間にとって、より広くは生物にとって、「意味」すなわち「価値」をもたらすもの」です。生物はみな、生きるために何らかの行為を常におこなっています。行為をおこなう際には、何らかの選択をしています。その選択に役立てられるのが〈情報〉です。つまり、「生存活動のための意味作用を起こすもの」が〈情報〉だと捉えるのです。

例えば、アメーバのような原始的生物でも、栄養濃度のより高いほうを選択して、そちらに向かって遊泳します。多くの生物にとって、選択と行為とは不可分で、〈情報〉はそれらとともに出現します。――前半はわかりますね。後半はちょっとわかりにくいかもしれませんが、ついてきてください。

ここで押さえたいポイントは二つです。一つは、〈情報〉は物質ではなく、パターン(差異や区別〉ということです。もう一つは、〈情報〉は物質ではなくパターンですから、生物をめぐる環境に既存のものとして客観的に存在するのではなく、生物の主観的な行為とともに出現する、個別の主観的な存在にほかならないということです。

飼い主と散歩するイヌは、同じ環境にいても飼い主とはまったく異なる嗅覚情報を見いだしているでしょう。同じ環境にいても、飼い主にとって「意味」「価値」をもたらすもの（＝情報）とイヌにとって「意味」「価値」をもたらすもの（＝情報）は、それぞれ違います。〈情報〉が環境のなかに既存のものとして客観的にあるわけではないからです。〈情報〉は、飼い主とイヌ、それぞれが個別に見いだしているのです。

新聞を読む飼い主と同じようにイヌが新聞を見つめても、イヌが紙面に「意味」を見いだすことはないでしょう。あるいは人間に限ってみても、赤ちゃんは新聞の紙面に「意味」を見いだせませんし、小学生ならば紙面に「意味」を見いだすとしても、大人のそれとは異なります。大人に限っても、個人個人の興味関心から見いだされる「意味」はさまざまです。

情報の伝達

〈情報〉は生物の主観的な行為とともに出現する――それにもかかわらず、「ウェブで情報を検索する」「情報を共有する」というように、あたかも客観的に情報が存在するような常識が通用しているのはなぜでしょう。それは、人間の社会では擬似的に客観性をもつ世界が想定されているためです。この想定を支えているのは、おもに言語のはたらきです（「間主観性」といって、人間の主観は言語のはたらきによって、ある程度の社会的共通性をもって成立すると考えられています）。

ですが、人間の住む世界が、言語記号によって擬似客観的に記述できるという前提は常に成り立つとはかぎりません。人間の言語活動で、意味解釈の揺れによる誤解は頻繁に生じます。相手が親しい友人や家族でも、自分の伝えたいことが言葉足らずで誤解されたという経験は、誰にでもあるはずです。例えば、「テニスしようよ」とLINEがあって、OKするつもりで「いいよ」と返信した――でも、「いいよ」だけでは、相手にNOと解釈される可能性もありますよね。

しかしながら、常識的には「情報は伝達できるもの」とされています。されてはいますが、〈情報〉は物質ではなくパターン（差異や区別）ですから、小包のように受け渡しできないことは明らかです。目の前にいる相手にさえ、自分の意図が伝わらなかったり誤解されたりすることは日常茶飯事です。それに、相手がこちらの言うことを理解しているように見えても、本当に納得しているかどうか、実はわかりません。意味内容は常に伝達されるとはかぎらない、というのもまた常識です。

では、なぜ情報を伝達という行為に結び付けてしまうのでしょう――その理由の一つとして、基礎情報学が指摘するのは、二十世紀中葉にクロード・シャノンが提唱した情報理論（記号の伝達モデル）を拡張した「社会的コミュニケーション・モデル」の仮定です。

シャノンはベル電信電話研究所の通信工学者で、記号変換法を研究していました。電話では、音声が電気的な記号（信号パターン）に変換されます。ノイズの影響を防ぎながら、通信効率が高い（なるべく大量の記号を送受信できる）変換法が望ましいので、シャノンは確率論を用いて抽象的な記号伝達モデルを作り、最適な変換法を提案しました。これは通信工学の大きな成果の一つでした。

この効率的な通信を実現するための記号伝達モデルが、社会一般には意味内容を含んだ情報の伝達モデルとして受け取られてしまいます。つまり、送信機から受信機に至るモデルが、送信者から受信者に至るモデルに拡大解釈されたのです。

拡大解釈された図式は「社会的コミュニケーション・モデル」と呼ばれ、コミュニケーション論で多用されました。そこでは多くの場合、ノイズの影響を除けば、原理的に情報の意味内容があたかも小包のように送信側から受信側に送り届けられると想定されます。この想定が可能なのは、人々は客観的な共通世界に住んでいると仮定しているからです。この仮定のうえではじめて、共通の概念構造に支えられた記述（情報）を知っている者が知らない者に伝える、という捉え方が成り立ちます。

実際、そう仮定できる場合がないこともありません。例えば、二〇二〇年七月一日午前八時の東京都千代田区の気温は二七度というデータを各地に送ったり記録したりすることは、情報を小包のように受け渡している感じがします。ですが、これは科学的視点に基づく客観世界が共有されている、例外的な場合にすぎません。

日常生活では、人々はそれぞれ概念構造が異なる主観的な世界に住んでいるので、「社会的コミユニケーション・モデル」の仮定は一般には成立しないと考えるべきでしょう。実際、情報やメッセージは小包のようには届けられないということは、テレビ番組制作に関わって送り手の側に立つと、まったく思いもよらなかった受け手（視聴者）の反応を目の当たりにすることで、いや応なく思い知らされます。

生命情報⊇社会情報⊇機械情報

基礎情報学では、情報概念を「生命情報」「社会情報」「機械情報」の三つに大別します。ポイントは、これらが互いに背反ではなく、すべての情報は基本的に「生命情報」であり、このうちの一部が「社会情報」に転化して、そしてさらに「社会情報」の一部が「機械情報」に転化するという包含関係にある、ということです。

生物には外界からさまざまな刺激が降り注ぎます。光、音、風、あるいは接触——これらは〈情報〉を生むための単なる刺激で、〈情報〉そのものではありません。情報（information）とは、生命体の内部で生起して形をとる（form）ものなのです。

同じ刺激を受けても、生物個体が違えば生じるパターンは一般に異なります。生物は外界のなかに客観的な存在として用意されている〈情報〉をそっくり取り込むのではなく、自らの意味構造に基づいて自己循環的に「生命情報」を内部に発生させるのです。そして、それがまた自己の意味構造を変容させていく——この再帰的な連鎖に、外界からの刺激は必ずしも不可欠ではありません。

夢や幻覚は、生命体の内部で「生命情報」が循環的に発生して、それが意味構造を変容させていく現象です。「生命情報」とは、「それによって生物がパターンを作り出すパターン」なのです。

怖いから鳥肌が立つのか、鳥肌が立つから怖いのか――私たちは前者だと思いがちですが、実は後者が正しいというのがジェイムズ＝ランゲ説で、現在はこの説が有力です。つまり、身体反応が先に生起して、それを脳がモニターして喜怒哀楽の感情として捉え直しているというわけです。

人の心（意識）が「生命情報」を観察して、言葉や絵など人間社会で通用する記号が用いられると、「生命情報」は「社会情報」に転化します。人間社会で用いられるあらゆる情報が「社会情報」です。

「社会情報」の原基的なやりとりは、直接対面での会話です。ここでは音声（ことば）や身ぶりという記号を使って意味内容の伝達が試みられます。動物のコミュニケーションはほぼこの形に限られます。ですが、人間同士では、「社会情報」の記号と意味内容をいったん切り離して、記号だけを流通させることで、時間・空間を超えて意味内容を伝達しようという試みが現れます。ここに出現する、記号そのものが「機械情報」です。

数千年前に誕生した文字こそ、本格的な「機械情報」の代表です。人々は粘土板や甲骨、木簡、パピルス、羊皮紙などのうえに文字を書き、伝達・蓄積・保存しようとしました。そして十五世紀に発明された印刷文字、その後の写真、レコード、映画、電信電話、ラジオ、テレビなどのアナログＩＴから、コンピューターやインターネットに代表されるデジタルＩＴへ――現代情報社会では、膨大な量の「機械情報」をたやすく複製・蓄積・配布できるようになりました。

氾濫する「機械情報」の落とし穴

いま学生のみなさんが生まれる少し前、一九九〇年代半ばからワールドワイドウェブ（www）が世界中に広がりましたが、当初はウェブサイトの作成・維持がかなり面倒だったので、ウェブは企業や官庁などの活動や案内を知ることができる程度でした。二〇〇〇年代後半以降、ブログやSNSなどのサービスが普及して、誰もが手軽にネットで個人的意見を発表できるようになって、ネットのなかの「機械情報」の量が増大します。

以前は、大量の「機械情報」を配布するルートはマスメディアに限られていて、その運営には大きなコストがかかりました。そのため、自分の意見を広く世の中に発表できるのは一部の人々（政治家、官僚、学者、評論家、ジャーナリスト、作家など）だけでしたが、いまでは一般の人々が、ほとんどコストをかけることなく、自説を社会に発表して意見交換することができます。これは多様性を尊重する民主主義社会で基本的には望ましいことですが、落とし穴があることにも注意しなくてはなりません。増大・氾濫しているのは「機械情報」、つまり記号であって、意味内容の流通という点では必ずしも十分に豊富とはいえない場合も少なくないのです。

よく指摘されることですが、ネットでは匿名の発言が許されることも多いので、極端な場合、一人が複数の名前を名乗って大量の「機械情報」をばらまくことも不可能ではありません。一方的な意見ばかりが大量に複製され、貴重な少数意見が埋没してしまう、という可能性もあります。

このような故意に基づく欠点は何とか解決していけるとしても、人間に特有の別の問題も生じます。あまりに多量の記号＝機械情報を前にすると、人の思考はかえって活力を失うのです。それどころか、自らの視野を狭め、半ば思考を停止してしまうこともままあるのです。

記号は心（意識）にとっては刺激です。刺激を主体的に解釈して「生命情報」を発生させ、自らの意味構造を変容させていくためには、それなりのエネルギーと時間を必要とします。なので、あまりに大量の刺激が押し寄せると、心（意識）は対処できなくなってしまうのです。

菅将仁さんのインタビューに、どんなに優秀なデータベースがあっても、本人に興味がなければ何もひっかかってこない、「いちばん大切なのは、与えられたテーマに対して、モチベーションをいかに高く維持できるかのような気がする」という話がありました。調べることは、大量の記号に向き合うことでもあります。リサーチャーは自分の興味があることを調べるのではなく、与えられたテーマについて調べる仕事です。テーマに対して、いかにモチベーションを高く保つかは、リサーチャーに不可欠なテクニックです。モチベーションを高く維持できる分野をもっていること、それを自覚することは、モチベーションを保つテクニックを向上させることに役立ちます。また、その分野のリサーチが優れていると認められれば、自身のセールスポイントの一つになります。ある分野で豊富な専門知識があるよりも、調べるモチベーションを高く保てる分野があるほうが有利――ここに、研究者・専門家とリサーチャーの違いがあります。

大量の記号＝刺激に心（意識）が対処できなくなってしまうと、個々の記号が担う意味内容を深く身体的に捉えようとはせず、すべてを浅く形式的に解釈して、大量処理してしまおうとする傾向が生じます。

また、興味対象の削減＝縮小化という傾向も生じます。主体的な解釈をするテーマ領域をなるべく狭めて、それ以外の「機械情報」を無視してやり過ごそうとするわけです。これは、複雑な論理は度外視して単純なスローガンに酔うとか、自分と同じ意見だけに賛同して異論に耳を貸さないとか、そういう偏狭な態度にもつながっていきます。

こうした傾向は、すでに現代人の思考の特徴になっていると指摘されています。「機械情報」の氾濫に対する、生物としての人間の自然な反応ともいえますが、こうした傾向を自覚することは、リサーチャーになるつもりはないという読者にも大切なことだと思います。

2 マスメディアのコミュニケーション

テレビは長年「マスメディアの雄」といわれてきた、社会的影響力が非常に大きいメディアです。リサーチャーとしてテレビに関わるならば、なぜテレビは社会的影響力が大きいのか、その理由についてきちんと理解しておいたほうがいいでしょう。

本節では、引き続き『生命と機械をつなぐ知』を要約・引用しながら、現代社会のマスメディアの特異な性質を説明します。

ただ、この説明は「社会システム」「機能的分化社会」といった考え方（理論）を抜きにはできないので、ちょっと難しく感じられるかもしれません。なるべくコンパクトに、わかりやすく記述しようと試行錯誤の末、「ハトの目」から説明に入ることにしました。なぜ「ハトの目」なのかは、読めばわかります。もし、読み進めるなかで「？」となったら、ハトの目を再度イメージしてみてください。

ハトの目——オートポイエーシス理論

ハトの目にさまざまな波長の光を当てて網膜の活動パターンを計測すると、光の波長とそれに対する網膜の活動の間に、実は明確な相関関係を見いだすことができません。網膜の活動は、光の物理的波長そのものではなく、むしろ、そのハトがこれまで積み重ねてきた色彩体験で決まってくるからです。

このハトの神経系（色彩認知）の研究から、外界にある客観的事物を生物が知覚する、という、従来の物理科学的なアプローチでは神経系の活動を捉えられないことに気づいたチリの生物哲学者ウンベルト・マトゥラーナは、オートポイエーシス理論（「オートauto」＝自己、「ポイエーシスpoiesis」＝創出）を提唱します。

細胞は、他者に設計されたのではなく、自らのあり方に即して、自己循環的に自らを産出し続けます。細胞の構成素はタンパク質や核酸などですが、これらの構成素が互いに相互作用しながら、自己循環的・再帰的に構成素を産出します。そこにあるのは、構成素を産出する動的なプロセス（関係）のネットワークであり、かつ、構成素がそうしたプロセス（関係）のネットワークを作り続けてもいるわけです。つまり、円環形に閉じている、閉鎖系のシステムなのです。

神経系は内的メカニズムによって規定され、閉じています。外界はその活動を引き起こす単なる刺激・引き金にすぎません。知覚とは、外界の事物を直接映し出すのではなく、そういう周囲環境のもとで生物がどのように行動すべきかの判断に、再帰的に役立てられているものなのです。

社会システム――コミュニケーションを構成素とするオートポイエティック・システム

生物は外界からの情報をそっくり受け取るのではありません。外界から刺激を受けて、「生命情報」が生命体の内部で発生するのです。ですから、つまるところ、人は自らが認知する世界の外部には出られません。

オートポイエーシス理論を踏まえて〈情報〉にアプローチする基礎情報学では、「思考」を構成素とするオートポイエティック・システムを「心的システム」と捉えます。心的システムでは、思考が思考を産出するという、自己循環的なダイナミックスが有機構成として作動しています。

生体システム（身体）は、外界刺激にさらされています。テレビを見たりメールを読んだりするだけでなく、日差しや風も刺激になります。外界から知覚器官を通じて刺激を受けると、生体システム、特に脳神経系の内部に変化が起こり、「生命情報」が発生します。人の心的システムは常に脳神経システムと相互作用しているので、「生命情報」を素材にして思考が産出され、思考の一連の流れが記述されると、「社会情報」が形成されます。そして、それはまた「生命情報」の発生の仕方にフィードバックされます。このようなプロセスで、「生命情報」は「社会情報」に転化され、社会で通用する意味内容を含んだ〈情報〉が立ち現れます。

個々の心的システムに立ち現れた「社会情報」の意味内容は、しかし、小包のように他者にそっくり届けることはできません。〈情報〉の意味内容の伝達という面に着目するとき、人が作る社会集団（共同体や組織など）のコミュニケーションが、ある意味、閉鎖的な性格をしていることに気づきます。例えば、業界用語です。さまざまな業界に隠語（仲間同士以外の人には意味を知らせない目的で、あるいは互いが仲間同士であることを認め合う目的で使用する、特定の社会、範囲内でだけ通用する言葉）があります。同じ業種の会社でも、A社の社員同士で通用する意味内容が、B社で通用するとはかぎりません。ここで登場するのが「社会システム」です。

社会システムは、コミュニケーションを構成素とするオートポイエティック・システムとして定義されます。そこでは、コミュニケーションがコミュニケーションを自己循環的・再帰的に産出するプロセスが有機構成として作動しています。

社会システムは、人間という物理的存在の集まりではなく、コミュニケーションという出来事の集まりと捉えられるのです。

近代社会＝「機能的分化社会」——機能的に分化した社会システムの集まり

自らの社会理論にオートポイエーシス概念を取り入れた理論社会学者のニクラス・ルーマンは、近代社会を機能的に分化した社会システムの集まりと捉えて、これを「機能的分化社会」と呼びました。

太古、人々は家族や部族などで小さな群れを作り、狩猟採集をしながら暮らしていました。そこでは対面の音声コミュニケーションが主体で、人々は日常的な体験を共有していますから、意味伝達での逸脱はあまり起こりません。どの群れでも同じような様相だったと考えられるので、これは「環節的分化社会」と呼ばれます。

やがて農耕牧畜の発達とともに身分階級制度をもつ王国ができて、王侯貴族や商人は広い領土にわたるコミュニケーション（法治支配や経済活動）をおこなうようになります。こうした社会は、主として身分階級ごとにコミュニケーションがおこなわれるので、「成層的分化社会」と呼ばれます。そこでは（手書き）文字による記録が時空を隔てて流通して、それに伴って意味内容の逸脱が起こりえますが、これを防止したのが神や支配階級の権威であり、聖典でした。あらゆる言説の意味内容は、原則として絶対的な価値基準を示す聖典を参照すれば解釈できる（はず）という前提が、コミュニケーションを秩序づけて成立させていたのです。

近代社会は、機能別に分かれた並列な社会システム群からなる「機能的分化社会」です。経済的な観点、学問的な観点、法的な観点など、さまざまな観点から物事を眺めることができ、どの観点が最も正しいということはないという社会ですから、絶対的な価値基準が存在しません。社会／世界を相対的に多様な見方で観察することになります。

メディア――意味内容を伝達するための社会的装置

絶対的な価値基準が存在しない「機能的分化社会」で、「社会情報」の意味解釈の揺れを制御して、できるかぎり正確に意味内容を伝達するための社会的装置が「メディア」です。メディアの機能は、二つの面に分けて捉えられます。

一つは、「機械情報」の流通範囲を拡大する機能です。この機能をもつメディアは「伝播メディア」と呼ばれ、郵便、新聞、書籍、電信、電話、ラジオ、テレビ、インターネットなどが該当します。

もう一つは、「社会情報」を論理的・感性的に媒介する機能で、「成果メディア」と呼ばれます（「成果」とは「結果として生じる」というドイツ語 erfolgen に由来していて、「象徴的一般化メディア」ともいいます）。とりわけ言語的なコミュニケーションに論理的なつながりを与えて、誤解が生じにくいように意味の幅を狭めるはたらきをするもので、理論社会学の分野では広く知られる概念ですが、日常生活では「メディア」とは捉えられていないので、なじみがない読者は「ちょっと面倒くさい」と思うかもしれません。あえてざっくり説明します。

ルーマンが成果メディアとして挙げているのは、「真理」「貨幣」「権力」「愛」などです。「真理」には「学問システム」、「貨幣」には「経済システム」、「権力」には「政治システム」、「愛」には「家族友人システム」というように、機能的に分化したシステムでは、成果メディアのはたらきでコミュニケーションの逸脱が抑止される、という考え方（理論）です。例えば、学問的な議論を「真理」の観点からのコミュニケーションに限ることで、経済的な利害関係や私的な情実・怨恨が混入して学問システムが破綻することを防止する、というわけです。

視点を変えれば、伝播メディアの急速な発展による記号の氾濫のなかで、意味伝達の逸脱を防ぐための社会的装置として成果メディアが登場（結果として生じ）、機能的に分化した社会システムが発達した、とも捉えられます。

マスメディアの機能

社会システムが機能的に分化することは、「知識」が専門的に細かく分化するということにもなります。法律、経済、科学技術など、それぞれの分野の専門家が関わるコミュニケーションによって専門的知識が形成されます。しかし、そうした専門的知識は一般の人々が熟知するものではありません。

例えば、路上で車同士が接触事故を起こした場合、道路交通法に基づいて事故の状況が判断されます。そうして法的な責任の所在を明確にすることで、「そっちが悪い」「いや、そっちだ」といった不毛な争いや感情的な対立を防ぎます——が、道路交通法を作ったり変えたりするのは専門家（交通行政官、議員、法律家など）で、普通、一般の人々は道路交通法の詳細なルールを記憶してはいません。なので、不安になります。保険会社のコマーシャルで示談交渉を代行するサービスがアピールされるのも、よく知らない、さまざまな細かい交通法規や保険条項に従って事故処理しなくてはならないからです。

社会システムが機能的に分化して、専門分化した知識が膨張する現代社会——そこに生きる現代人は、自分を取り囲む現実世界に確かなイメージをもつことが難しいのです。それは、単に専門分化した知識の量が極端に増加しただけでなく、それらが論理的に相矛盾している場合が少なくないためでもあります。

法システム、経済システム、学問システムなど、それぞれ独自の観点に基づくコミュニケーションがおこなわれていて、統一的な観点は存在しません。そのため、単に複雑で理解できないというだけでなく、価値観の相違のために混乱してしまうのです。にもかかわらず、政治、経済、科学技術などの動向が人々の日常生活に多大な影響を与え、潜在的な拘束／制約を加えている——そのことが、人々に不安をもたらします。

こうした状況のなかで、人々に自分を取り囲む現実世界についての統一的なイメージ、擬似的な現実／世界（像）を与えるのが、新聞・雑誌、ラジオ、テレビなどのマスメディアです。

マスコミュニケーション

「自分はテレビをほとんど見ないし、テレビから影響を受けているとは思えない」「いまはもう、テレビよりネットのほうが影響力はあると思う」という読者も少なくないかもしれません。個々人の観点からすれば、新聞・雑誌、ラジオ、テレビなどが「人々に自分を取り囲む現実世界についての統一的なイメージ、擬似的な現実／世界（像）を与える」といわれても、ピンとこないかもしれません。しかし、想像してみてください。もしも、すべての新聞・雑誌、ラジオ、テレビが消失したら、日常生活はどうなるでしょう？――スマートフォンでニュースを見る？　でも、新聞・雑誌、ラジオ、テレビが消失したら、それらを情報源とするネットニュースも消失しますし、それらを運営母体とするニュースサイトも消失します。「困る」「世界が変わる」と思いませんか？

ルーマンは次のように述べています。

私たちは、私たちが生きる社会、あるいは世界について知っていることを、マスメディアをとおして知っている。そのことは、私たちがもっている社会や歴史の知識だけでなく、自然についての知識も同様である。私たちが成層圏について知っているということは、プラトンがアトランティスについて知っているということと同じである。つまり、それをどこかで聞いたことがある、ということなのだ。（略）他方で私たちは、マスメディアについてはあまりにもよく知っているため、その情報の出所を信頼することができない。私たちは自衛しようとして、情報操作されているのではないかと疑うのだが、しかしそうしようとしてもたいした帰結には至らない。なぜならばマスメディアから得られた知識は、ひとりでに強化するかのごとく、自分の構造へと再びつながっていくからである。私たちは、すべての知識に疑うべき予兆を見出しているにもかかわらず、その知識を下敷きにして知識を重ね、あるいはそこに接続していくしかないのだ。この問題は、十八世紀のスリラー小説に出てくるような、背後で糸を操る黒幕を発見することでは解決しない。

（ニクラス・ルーマン『マスメディアのリアリティ』林香里訳、木鐸社、二〇〇五年、七―八ページ）

マスメディアは、政治システム、経済システム、学問システム、家族友人システムなど、さまざまな社会的システムで観察された記述（情報）を（それらが専門的で難解なものでも）一般の人々にわかりやすい記述（情報）にして、マスコミュニケーションを生み出します。マスコミュニケーションとは、さまざまな社会的なコミュニケーションを人々にコミュニケートするためのもの、つまり「コミュニケーションについてのコミュニケーション」にほかなりません。

マスメディアの機能は、一般の人々が納得できる現実／世界（像）を継続的に提供し続けることです。ただし、マスコミュニケーションは、マスメディアを通じて人々に供与される単方向的な非対話コミュニケーションです。マスコミュニケーションは、ほかの（双方向的な対話的）コミュニケーションとは違って、送り手と受け手の関係で同時に存在している者たち同士の相互作用interactionが生じません。

　マスコミュニケーションを生産するマスメディアは、それぞれ受け手（読者、聴取者、視聴者など）のニーズや反応（部数や視聴率、投書やモニター調査など）を考慮しますが、直接的な接触は遮断されているため、受け手のニーズや反応を予想して、その予想に依拠して生産するほかありません。つまり、マスコミュニケーションはあくまでマスコミュニケーションに接続して生成されます。

　テレビ番組の場合、企画、取材、編集の各段階で、さまざまに視聴者の反応を考慮しますが、放送するまで視聴者の反応はわかりません。そして、受信反応指数である視聴率が低迷すれば、番組は打ち切られます。

　マスコミュニケーションは単方向的な非対話コミュニケーションなので、個々の受け手の意見が直接そこに反映されるわけではありませんが、受信反応指数（発行部数や視聴率など）が反映されることによって、マスメディアが実現することができる範囲は制限を受けているのです。

　このことは、多くの受け手に支持されない意見や決定は、マスコミュニケーションの素材になりにくいことを示唆しています。つまり、マスメディアは、個々人の好みに沿うものではなく、マスの好みに対応するものなのです。しかし、だからこそ、多くの人々が受信することを前提にした情報から、個々人は自分が必要と思う情報を受け取ることができますし、その個々人の受信反応によって、マスメディアは再生産されます。このように自己循環的に生成されるマスコミュニケーションは、ある種の統一性（画一化）をもつことにもなります。

マスメディアの機能は、一般の人々が納得できる現実／世界（像）を継続的に提供し続けることですが、マスメディアによって提供される現実（像）は、「唯一の真なる現実世界」の写像ではありません。「機能的分化社会」では多様な観点から現実／世界が捉えられるのですから、そもそも「唯一の真なる現実世界」があるなど仮定できないのです。そのため、人々は情報の出どころを全面的に信頼することができず、情報操作を疑ったりするのですが、たいした帰結には至りません。マスメディアが擬似統一的な現実／世界（像）をもたらすのは、マスコミュニケーションが自己循環的に生成されているからなのです。ですから、マスメディアの情報に対する不信・疑念は、たとえ「背後で糸を操る黒幕」を発見したとしても、解決しないのです。

マスメディアシステムは、閉鎖的＝自己循環的に作動していて、それが一般の人々の心的システムを拘束／制約します。したがって、マスメディアは社会的影響力が大きく、人々に自分を取り囲む現実世界について統一的なイメージ、擬似的な現実／世界（像）をもたらすという特異な位置を占めることになるのです。

3 テレビ批判とメディア不信

リサーチャーはテレビから生まれた職業ですが、ウェブコンテンツにも活躍の場が広がっています。また、インターネットの普及に伴って生じたテレビ批判の変化への対応（チェック）も求められています。喜多あおいさんは、「テレビ番組のリサーチャーであることで、大きな、忘れてはならないことは、テレビ番組はとても多くの人が、誰でも簡単に見られるということです。ネガティブチェックをするときには見る側の視点になって見ます。このとき感じる、自分が提供する情報に対する責任感は、ほかのものと格段に違います」と話していました。

リサーチャーという仕事をするうえで、テレビとインターネットそれぞれのコミュニケーションのあり方の違いを理解しておくことは重要だと思います。本節では、最近のテレビ批判をトピックにして、テレビとインターネットの間にある課題を考えます。

テレビ批判への対応

まず、齋藤孝／安住紳一郎『話すチカラ』の第五章「上機嫌で話すマインドセット」に収められた「理不尽に批判されたときのメンタルケア」の節から、アナウンサーの安住紳一郎さんが話した箇所を引用します。

最近は、放送局もネットの声に足下をすくわれ、番組やキャスター、アナウンサーが、好感度を意識しすぎるきらいがあります。この傾向が進むと、本当に言わなければならない一言を言えない状況になる恐れがあります。

テレビのダメなところをネットの声が直してきたのは事実です。ただ、「ネットで気に入られるコメントをすればいい」というスタンスでは本末転倒になります。本当に難しいことなのですが、ネットの言説とは冷静に距離をとる必要があります。

（齋藤孝／安住紳一郎『話すチカラ』ダイヤモンド社、二〇二〇年、二一五ページ）

テレビは、擬似的にせよ、ある種の統一的な現実／世界（像）をもたらすマスメディアです。テレビが産出するマスコミュニケーションは、人気／不人気（視聴率）が反映されるとはいえ、あくまで職業的なテレビ関係者によって自己循環的に生成されますから、よくも悪くも、一般の人々の意見を直接に反映するものではありません。そうであるからこそ、放送は規制業種であり、放送にあたって高い倫理観や社会的責任が求められています。

しかし、テレビには「ダメなところ」もあって、それを一般の人々が指摘するのは民主社会の理念からして本来とても有意義なことです。ですが、「ネットの声」は往々にして感情的で、テレビに対する不信・不満の表明にとどまるものが少なくないのもまた事実です。

インターネットは、テレビと違って個人でも自由に発信でき、誰もがアクセスできる双方向メディアで、一般の人々の意見（記述）を素材とした新たな現実／世界（像）をもたらすものとして期待されるメディアです。ただし、インターネットのコミュニケーションも、マスコミュニケーションと同様、自己循環的な「社会的コミュニケーションについてのコミュニケーション」にほかなりません。

インターネットコミュニケーションが継続的に発生していくためには、発信者の表現が刺激的で面白くなくてはなりません。「面白い」と評判になれば、アクセス数は増え、リンクも多く張られることになりますが、そうでなければ、忘れられ埋もれてしまいます。

インターネットのなかのゆるやかなコミュニティー（流動性、細分性、匿名性を特徴とする共同体）にとても偏った意見のメンバーがいて、何かのきっかけでそのメンバーの発言を素材にしたコミュニケーションが生成されると、それがネット内で自己増殖して、誹謗・中傷が激化したり大衆先導的なメッセージが拡大したりするという可能性もあります。

ネットの言説のなかには、支配層に有利な欺瞞的情報ばかり流すマスメディア（マスゴミ）より、ネットのコミュニティーの情報（現実／世界（像））のほうが正しいという主張がしばしば見受けられますが、ネットのコミュニティーが与える現実／世界（像）もやはり現実世界そのものではなく、擬似統一的なイメージでしかありえません。人は自らが認知する世界の外部には出られませんし、「機能的分化社会」では現実世界は多様に解釈できるのですから。

現代の情報社会に生きる私たちには、テレビもネットも、それぞれがもたらす現実／世界（像）を相互に批判的に捉える英知が必要です。難しいことではありますが、そうするよりほかないのです。

テレビの送り手（放送局、制作者）が「本当に言わなければならない一言を言えない状況」になってては、受け手（視聴者）の不利益につながります。安住さんが言うように、「「ネットで気に入られるコメントをすればいい」というスタンスでは本末転倒になります」。そのため、リサーチャーがコンプライアンスチェックに関わることが増えています。

安住さんの話は、次のように続きます。

視聴者にはなかなか理解されないのですが、実は不可抗力で傷ついている放送人は少なくありません。「言わされたコメントが間違っていた」「時間の都合で言いたいことが言い切れなかった」など、放送人にも言い分があるのです。（略）

相談者の一人は、ヨハネス・フェルメールの展覧会をお知らせすることになり、原稿に書いてあった『真珠の首飾りの少女』という作品名を読み上げました。

そうしたら、多くの視聴者から「このアナウンサーって馬鹿じゃないの？」とさんざん叩かれたというのです。

たしかにフェルメールの最も有名な作品は「耳飾りの少女」です。しかし、「首飾りの少女」という作品も実在するのです。それを知らない視聴者に「耳と首飾りを間違えた無教養な人」と誤解されてしまったらしいのです。（略）

読む直前に「誤解を生むので原稿を変えたほうがよい」とアナウンサーは進言しましたが、

今回来日する画の中では「首飾り」が一番有名なので……と説得された挙句にです。（略）
私自身、テレビ番組に対する批判を見ていて「もうちょっと踏み込んで本質を理解してくれたら、番組として伝えたかったことがわかるはずなのに。ちょっと残念だな」と思うことがあります。

（同書二一六―二一八ページ）

このような誤解で残念なことが起きないよう、依頼を受けるリサーチャーは、放送前のVTRを視聴者目線でチェックします。テロップの誤記やナレーションの言い間違いなど、基本的な正誤チェックはもちろん、誤解を招きそうな表現や不適切と思われそうな表現など、あらためて確認して変更案を提出します。

右の事例でいえば、第一案としては、展覧会の目玉である『真珠の首飾りの少女』を画面に映し出す。作品を一目見れば、『真珠の耳飾りの少女』とは別の作品であることを視聴者が理解でき、言い間違いという誤解が生じる可能性はきわめて低くなります。

放送の時間や形態、権利関係の都合などで作品を画面に映し出すことができない場合、第二案としては原稿への最小限の加筆・変更です。例えば、『真珠の首飾りの少女』の前に、「（フェルメールの）代表作『真珠の耳飾りの少女』と同時期に描かれた」と一言加える。あるいは、「黄色が印象的」といった情報を入れ込むという具合です。

ここで発展問題に入ってみたいと思います。安住さんは「真珠の首飾りの少女」と話していましたが、この作品の邦題は「真珠の首飾りの女」が一般的です。原稿に「真珠の首飾りの少女」と書いてあったという話ですから、言い間違いではないのでしょう。この作品が初来日したのは二〇一二年の「ベルリン国立美術館展――学べるヨーロッパ美術の400年」で、このときは『真珠の首飾りの少女』の邦題がつけられていました。ただし、一八年の「フェルメール展」では『真珠の首飾りの女』でした。さて、問題です。この話をしている場面をテレビで放送するとしたら、何からのエクスキューズが必要でしょうか？――これは判断が分かれるところだと思います。

リサーチャーの役割に従って、いまは『真珠の首飾りの女』が一般的であることを報告しますが、その事実をどう判断するかは、プロデューサーや演出の領域です。原稿に書いてあったのが「少女」では言い間違いではないのですが、「女」を「少女」と言い間違えたと思う視聴者が現れ、ネットで叩かれる可能性は考えられます。最近の傾向からすれば、画面に情報（画像やテロップなど）を入れてフォローアップすることが予想されますが、いろいろ心配して編集した結果、ライブ感やメッセージが損なわれては元も子もありません。こうした悩ましい場面を日々判断しているプロデューサーや演出という仕事は大変だなと、いつも思います。

放送しないことにすれば、安住さんがネットで叩かれる危険はなくなりますが、この面白くてためになる話が番組から失われるのは、視聴者にとって不利益といえるでしょう。私も、テレビ番組に対する批判を見ていて「もうちょっと踏み込んで本質を理解してくれたら、番組として伝えたかったことがわかるはずなのに。ちょっと残念だな」と思うことが多々あります。

テレビ批判の深層

テレビ批判は昔からあります。日本では、テレビの本放送が開始される以前に、アメリカから「娯楽テレビの子どもへ及ぼす弊害」が伝えられ、まだ見もしないうちから、テレビ有害説が輸入されていました。

いわゆるニューメディアの有害説は、一九一〇年代の映画、二〇年代のラジオでも繰り返されたものです。さらにさかのぼれば、「電話亡国論」がありました。つまり、あらゆるメディアは、その普及初期の段階で有害のレッテルを貼られてきたわけです。

これまでになかった新しいメディアの登場は、これまでになかったコミュニケーションを生み出すことになります。ということは、これまでのコミュニケーションを変化させることが予想されますから、人々はある種の不安を抱きます。ニューメディアによって生じるデメリットについて、いわゆる知識人が警鐘を鳴らすのは、当然のことだといえるでしょう。ニューメディアの有害説には、人々が感じる漠然とした不安（生命情報）の言説化（社会情報）という側面を見いだせます。

日本でテレビ批判として最も人口に膾炙した「一億総白痴化」は、みなさんも耳にしたことがあるでしょう。これは一九五七年の流行語ですが、当時「一億」の人々がテレビを見ることができたわけではありません。五七年の民放テレビの視聴可能地域は東京、大阪、名古屋の大都市周辺に限られていて、テレビの契約受信者は三十三万件、普及率は五・一パーセントにすぎなかったのです。

「一億総白痴化」という流行語の生みの親とされる評論家の大宅壮一が、「白痴番組」「国民白痴化運動」と呼んで批判したのは、テレビが人々を「白痴化」させている状況があったからではなく、テレビというマスメディアがもたらす影響に懸念があったからです。また、それが流行語になったのは、雑誌や新聞を介して知られた大衆文化のイメージが人々の間にあったためと考えられます。

大宅のテレビ批判については、佐藤卓己さんによる以下の指摘があります。

大宅は「婦人雑誌の出版革命」（一九三四年）で、婦人雑誌の読者を「文化的植民地」と呼んでいた。

これは日本の国内において、文化的植民地が発見されたやうなものである。つまり国内において、読者層というインテリゲンチャ階級を一つの先進文明国とすれば、今まで大衆――殊に婦人大衆は新しく発見された「植民地」に相当する。

植民地、すなわち製品市場の獲得が産業革命を加速したように、婦人雑誌という「植民地向けの輸出品」は大量出版の原動力となった。植民地向けの商品とは、値段が安く、実用的で、効用の範囲が広い、この三つを特徴的な条件とする。（略）ここで大宅が婦人雑誌に見出した特質、すなわち安価、実用、汎用、多様は、当時の「国民雑誌」『キング』（大日本雄弁会講談社）にも当てはまる。とすれば、大宅の「一億総白痴化」批判の原点は、ラジオ学校放送が開始された一九三五年に発表された「講談社ヂャーナリズムに挑戦する」にまで遡ることができるはずである。大宅は『キング』を擁した「私設文部省」講談社の文化に対する「均質化」作用を次のように批判している。

講談社ヂャーナリズムのもつとも重要なる特色の一つは、個性の完全なる没却である。同社から発行されるすべての出版物はイデオロギーその他で、牛乳ぢやないが、均質でなければいけないのである。いひかへれば、どんな個性、どんな思想をもつた人間が書いた原稿でも、一度講談社の手にわたれば、たちまち均質化される、即ち講談社イデオロギーに変質させられる。

つまり、百万部を売り捌くためには製品の均質性が求められ、必然的に文化の下方的標準化が起こるというのである。「講談社」「発行」「出版物」を「テレビ」「放送」「番組」に置き換えて、そのまま使える文章である。雑誌か放送かが問題ではなく、文化の「画一化(グライヒシャルトウング)」を批判しているためである。

(佐藤卓己『テレビ的教養――一億総博知化への系譜』〔日本の〈現代〉〕、NTT出版、二〇〇八年、一一二―一一三ページ)

マス(一般大衆)を対象にするマスメディアでは、専門語彙の厳密性が放棄され、読みやすく、やさしい文体を選ぶという戦略がとられます。「啓蒙」や「教養」という名のもとになされる言説の通俗化・大衆化には、どうしても功罪が伴います。誰でも簡単に見られるテレビに対する「低俗

（番組）」批判の根は、実に深いものなのです。
しかし、最近量産されているテレビ批判は、かつての低俗番組批判とは質を異にするように見えます。誤解を恐れずあえて端的にいえば、「テレビに自分と違う意見があるのは嫌だ」という感情から生じた批判の言説が増えている印象です。これは、本章第1節の最後に述べた現代人の思考の特徴と重なります。

昔の人は難解な古典数冊を精読しましたが、現代の私たちは「誰でも簡単！……」「三日でわかる！……」「早わかり……」といったハウツー本や参考書を手にしがちです。現代の私たちには、個々の記号が担う意味内容を深く身体的に捉えようとはせず、すべてを浅く形式的に解釈して「大量処理」してしまおうとする傾向があります。また、興味対象の削減＝縮小化という傾向も指摘されていました。これは、自分と同じ意見だけに賛同して異論に耳を貸さないという偏狭な態度につながります。

インターネットの掲示板やＳＮＳに対して、「顔が見えない（対面ではない）から」「匿名（ハンドルネーム）だから」「発言の責任が不明確だから」、過激な言説や誹謗・中傷が増えるのだという解釈を、よく聞きます。確かに、それも一つの原因でしょう。ですが、問題の核心は、ネットの匿名性にあるのではありません。背景にあるのは、現代人の思考の特徴・傾向です。

第3章第3節で紹介した「現代的なテレビの見方」もまた、「直観的・生理的」「部分的」「感情移入・発散」の傾向を示すものでした。マスコミュニケーションは自己循環するコミュニケーションですから、こうした見方を促進してきたのはテレビ自身でもあるわけです。

受け手に対してさまざまな情報をわかりやすく伝えることは、マスメディアの役割の一つです。テレビは、何を、どのように「わかりやすい」情報として提供することが視聴者の利益になるのか――この課題に向き合うことが、いまのテレビ批判に向き合うことになるのではないかと考えます。

何げない「メディア不信」

「フェイクニュース」は世界的な流行語で、「メディア不信」はグローバルな社会現象といわれます。デジタルテクノロジーの急速な発達と普及によって、さまざまな人々による多様な情報発信が可能になった時代の副産物と考えられますが、アメリカ社会の「メディア不信」には、深刻な「分断」が指摘されています。

毎日のメディア報道では、米国社会〔資産所得：引用者注〕上位一〇％の人に資金を依存しながら政治キャンペーンを展開し「民主主義」を語る政治家たちの存在、そしてそれを「客観的報道」の名のもとに取材する記者たちの姿が映し出される。一般市民はこうした政治家や記者たちの偽善を見逃さない。「フェイク・ニュース」という言葉、そしてそこに表される「メディア不信」は、まさに二一世紀、ますます非流動的になっていく格差社会から生まれた症状の一つと捉え返すべきだろう。メディアは、従来は社会の亀裂をつなぎとめ、共通基盤を提供してきたのだった。しかし、徹底的な市場原理で作動する米国メディアは、マーケットリサーチをし、顧客の嗜好に合わせ、市場原理とアイデンティティ・ポリティクス（人種やジェンダーなど自分のアイデンティティごとに権利主張する動き）に依拠しながら、米国社会を分断していった。

（林香里『メディア不信――何が問われているのか』〔岩波新書〕、岩波書店、二〇一七年、一一五ページ）

アメリカの「メディア不信」は、ファクトチェックでは対抗できないものです。「フェイクニュース」や「ディープステイト（陰謀説）」に対して、知識人やジャーナリストがいくら筋道立てて「ファクト」を示しても、虚偽を指摘しても、その声はドナルド・トランプ大統領の支持者たちには届いていません。その「ファクト」に、彼らは興味も関心もないのですから（同書）。

日本では、アメリカのように自分が信頼するメディアを「友達」と呼んだり、ほかを「フェイクニュース」とののしったりするような状況は、いまのところ一部の例外とされています。ネットに書き込みをしてメディア批判を繰り広げる活発な活動家は、ネット利用者の一パーセントともいわれます。ただし、メディア研究者の稲増一憲とNHK放送文化研究所が二〇一五年五月に実施した調査の分析では、インターネットで他人の意見に接触していればいるほど、新聞社・テレビ局に対しても、新聞記事・テレビニュースに対しても、信頼度が低くなると指摘されています（同書一三八―一四〇ページ）。

なぜインターネットで他人の意見に接触するほど、テレビへの信頼度が低くなるのでしょう。テレビはマスメディアですから、誰しも多かれ少なかれ「疑う」ものです。この基本的反応に「正解は一つ」という思い込みが作用してテレビへの不信感が増す、という回路があるのではないかと思うことがあります。例えば、先に引用した安住さんの話を受けて、齋藤さんが次のように話しています。

> 私はＥテレ『にほんごであそぼ』の総合指導を長年担当しています。番組内では、古文をテロップで表記することがあります。古文の表記の仕方は一つではなく、専門家の間でも解釈が分かれます。そのことを理解したうえで、総合的に判断して一つの表記を選択していますけれども、特定の説を支持する立場の人から「この番組は間違った表記をしている」と一方的に言われてしまうことがあります。
>
> 立場上、クレームにはできるだけ丁寧に対応するようにしています。
>
> （前掲『話すチカラ』二一九ページ）

事件（出来事のプロセス）を解き明かす名探偵にかかれば「真実はいつも一つ」ですが、多様な観点から解釈可能な事柄は正しいとされる答えが常に一つとはかぎりません。むしろ、「正解」がある問題は限られていて、大概のことは「諸説あり」です。そういわれると、「まあ、そうだな」と思う人でも、ネットで「テレビで○○と言っていたけど、実はこういうデータ／論文（学説）があって……」といった書き込みに接すると、とりわけその番組を見ていなかったなら、「テレビが間違った／偏ったことを放送したのか」と思ってしまうのではないでしょうか――こうした何げない「メディア不信」もまた、ファクトチェックでは対抗しきれないところがあります。

確かに、テレビは間違った情報を流してしまうこともあります。ですが、だからといって、ネットの情報が正しければ、常にテレビが間違っているというわけでもありません。多様な見方があり、「正解」が複数ある問題は、反射的には厄介な気がしますが、ちょっと立ち止まって考えてみれば、それほど複雑なことでもありません。

繰り返しになりますが、現代の情報社会に生きる私たちには、テレビもネットも、それぞれがもたらす現実／世界（像）を相互に批判的に捉える英知が必要です。簡単なことではありませんが、そうするよりほかないのです。

4　テレビのためにリサーチャーができること

テレビは長年「マスメディアの雄」といわれてきました。マスメディアは、擬似的にせよ、ある種の統一的な現実／世界（像）をもたらすマスコミュニケーションを生み出します。テレビは、社会的影響力の非常に大きいメディアであるからこそ、放送法に基づく規制があり、放送にあたって高い倫理観や社会的責任が求められ、生み出すマスコミュニケーションは、職業的なテレビ関係者によって自己循環的に生成されます。

リサーチャーは、テレビ番組制作に必要なさまざまなリサーチ（調べもの・探しもの）をする専門職として、その地位を確立してきた職業です。番組の核心である〈情報〉に関わるのですから、その役割は重要です。

ですが、もし「テレビを面白くしたい」「こういう番組を作りたい」といった志があるなら、テレビ局に就職するか、番組を制作するディレクターや企画・構成に力を発揮する作家を目指しましょう。リサーチャーは、「テレビを面白くしたい」「こういう番組を作りたい」と奮闘している人たちをサポートする仕事だからです。

リサーチャーは制作サイドの依頼に応じて、さまざまなリサーチをします。専門的で難解なことから日常のさまつなことまで、ときには突拍子もない思い付きにも、リサーチを重ねて対応します。「テレビを面白くしたい」と奮闘している人たちをサポートするには、単なるデータマン、「ネット検索業」にとどまってはいられません。髙村さんが語ったように「全然興味がない人にも面白いと思ってもらえる切り口は何だろう、と考えるまでがテレビリサーチャーの仕事」です。

そして、「面白いと思ってもらえる切り口」まで考えながらも、「こういう番組にしたい」「こういうメッセージを届けたい」というクリエーターのサポートに徹して〈情報〉を扱うところに、リサーチャーが専門職たるゆえんがあります。

近年、コマーシャルを財源としている放送局は、他局との視聴率競争とともに多メディア化の影響、さらにネットをはじめとするほかのメディアとの接触時間の奪い合いが起こり、番組の質を落としていると指摘されています。実際、制作費の削減・縮小は、制作体制（人員）に大きく影響しています。

そうしたなかで、ネット情報へのカウンターとして、あらためて裏取りやチェックの重要性が認識されるようになっていますから、それに対応できるリサーチャーがさらに求められることが予想されます。また、「AbemaTV」「Amazon Prime Video」「Netflix」などのインターネットテレビがオリジナルで制作する番組で活躍できるリサーチャーも増えていくことでしょう。多メディア化は、テレビというメディア（放送局）にとってはライバルの増加を意味しますが、クリエーターにとっては発信できるメディアの増加を意味する側面もあります。

今後、多メディア化が進んでも、マスメディアは、その役割として、ある種の統一的な現実／世界（像）をもたらすマスコミュニケーションを生み出し続けなければなりません。なぜなら、人々が同じ現実／世界（像）を共有し、同じ問題意識のもとにさまざまな意見を交わして決定を方向づけることが民主主義の基本ですし、「機能的分化社会」では、マスメディアに一定の信頼がなければマスコミュニケーションがもたらす現実／世界（像）が揺らぎ、人々の不安をやわらげることができなくなるからです。

テレビのためにリサーチャーにできることは、「テレビを面白くしたい」「こういう番組を作りたい」と奮闘している人たちをリサーチでサポートすることですが、その先には、視聴者に正確・有益な〈情報〉をさまざまな番組によって提供するという責任があります。とても地味ですが、テレビの信頼を保つために役に立つという社会的意義がある仕事です。

「番組の質を落としている」といわれてしまっているテレビはいま、踏ん張らなければならない転換期にあると思います。テレビ関係者の多くが、「変わらなければ」と言っています。プロフェッショナルが集まって番組を作り上げていく、その熱量は相変わらず高いです。ここにデジタルネイティブの人々も加わって、テレビとネットの新しい相乗効果が生み出されることを期待します。

補論 「善良な風俗」って何だろう？

――放送法からコミュニケーション政策を知る

放送メディア（テレビ・ラジオ）は、電波の稀少性や社会的影響力の大きさなどを理由として、ほかのメディアに比して特別に強い公的規制制度が世界各国で採用されてきました。そのため、一国の放送制度は、「その国のコミュニケーション政策が端的に表現される舞台である」ともいわれます（清水英夫『テレビと権力』三省堂、一九九五年、四三ページ）。

日本では、マスメディアの取材・編集・流布行為を通じてなされる表現活動に関わる法律として、日本国憲法第二十一条「言論、出版その他一切の表現の自由」、民法第七百二十三条の名誉毀損に関する規定、刑法第百七十五条の猥褻文書頒布罪の規定などがあり、マスメディア固有の規制としては、放送機関についてだけ放送法などが課せられています。

私は、あるとき放送法を読んで、ふと「「善良な風俗」って何だろう？　放送法は戦後、しかも占領下で制定されたはず……なんでこんな表現が残ったのだろう？」と疑問に思いました。調べたところ、みなさんにその存在を知っていてほしい資料（国会議事録）を見つけたので、ここに紹介します。

1　放送法「番組準則」

日本の放送制度は、第二次世界大戦後、連合軍の占領下に制定された放送法、電波法、電波監理委員会設置法（電波三法）を基礎にしています。それ以前、戦前期の放送制度は、第一条に「無線電信及ビ無線電話ハ、政府コレヲ管掌ス」と掲げる無線電信法と放送用私設無線電話規則によって、政府が監督・統制をおこなうものでした。特にラジオへの規制は厳しく、放送事項についての事前検閲に加えて、放送中も監視して放送不適とされた場合はいつでも放送を遮断できる態勢もとられていました。戦後、占領期に入って戦前・戦中の放送規制は大幅に緩和または廃止され、電波三法が制定され（一九五〇年六月一日施行）、新憲法体制下で放送の自由の原則が打ち立てられます。

放送法には、「放送事業者は、国内放送及び内外放送（以下「国内放送等」という。）の放送番組の編集に当たっては、次の各号の定めるところによらなければならない」として、「番組準則」と呼ばれる以下の基本原則が定められています。

一　公安及び善良な風俗を害しないこと。
二　政治的に公平であること。
三　報道は事実をまげないですること。
四　意見が対立している問題については、できるだけ多くの角度から論点を明らかにすること。

調べてみると、「公安及び善良な風俗を害しないこと」は、憲法・メディア法の専門家から、「極めて曖昧かつ広範な文言」で「知る権利」や「表現の自由」を侵す危険があるため削除したほうがいい、とする見解が示されていました。

2 なぜ「削除したほうがいい」原則があるのか

では、どうしたわけでこの四つの原則が定められたのか——この疑問に答えてくれる資料（村上聖一「検証 放送法「番組準則」の形成過程——理念か規制か、交錯するGHQと日本側の思惑」、NHK放送文化研究所編「放送研究と調査」第五十八巻第四号、NHK出版、二〇〇八年）がありました。この研究論文は、放送法の検討過程で連合国軍総司令部（GHQ）側が要求したのは「政治的公平」と「論点の多角的解明」の二つの原則で、残る二つのうち、特に「公安の原則」は、規制の手がかりを求めた日本側が最終段階で追加したものだったことを明らかにしています。法案成立直前の一九五〇年四月になって、議員修正によって「公安を害しないこと」が追加されました。「及び善良な風俗」は、五九年の放送法改正によって加えられたのでした。

なお、「公安を害しないこと」を追加した必要性について、国会審議では詳しく明らかにされなかったそうです。法案が衆議院を通過すると、マスメディア側から反発意見が出たものの、参議院の審議で「番組準則」に関して議論されることはなく、衆議院に再び送られ、修正案は可決・成立しました。その社会的背景に、いわゆるレッドパージがあったことが示唆されています。

3　なぜ「及び善良な風俗」が追加されたのか

さて、そうすると、どうしたわけで「及び善良な風俗」が加えられたのか。この疑問の答えを探すには、放送法改正に至る過程を知る必要があると考え、法改正を審議する国会の議事録を調べました。そして、次の資料（議事録）に出合い、日本文芸協会会長として意見を求められた青野季吉の真摯な言葉に深く感じ入りました。

第二十八回国会　衆議院　逓信委員会議録　第二十二号
昭和三十三年四月三日（木曜日）午前十時十九分開議
（出席者、省略）
本日の会議に付した案件　放送法の一部を改正する法律案（内閣提出第一一八号）

（略）

○青野参考人　私はごく簡単に文芸家の立場から申し上げます。

この法案に限らず、法律が作られて、政府当局がその法律の精神をよくくんで、あくまでもその精神に基いて拡大的な解釈をしない、また乱用みたいなことをしないということを前提として、また一般の事業者が自覚して自粛するということを前提とすれば、私は悪法でもある場合には善法になると思います。しかし私どもの経験によりますと、一たん法律が作られると、それを運用する人は結局役人になるわけですから、非常に不安になります。法律というものは、一つの権威を持って臨むものでありますから、しかも私はこの日本においては、過去にそういう痛い思いがたくさんあると思います。私自身も法律の拡大解釈めいたもので、非常に苦しめられたことがあります。それでまず私はそれを前提にしておきます。たとえば私はよく知りませんが、英国のBBCの法律には、相当きびしい政府の監督権のような条項があるといいますが、しかしそれはかつて第二次世界大戦のときに一回使ったくらいで、それきり使わない。それくらい法律というものの適用がきびしい精神に基いておるものならば、法律は相当きびしいものであってもいいのじゃないかと思います。それで私は先ほど申し上げたように、それほどの信頼は持てません。また私のような不信を抱いておる者が相当多いのではないかと思います。

それを前提といたしまして、私どもは今度の改正で一番ひっかかりますところは、従来の「公安を害しないこと」というところへあらためて「及び善良な風俗」が入って参りました。これはこの間私どもの協会で一つの委員会がありまして、この放送法について話し合いましたときに、文芸家はみなこれにひっかかりました。善良な風俗という言葉は非常にけっこうでございます。善良な風俗を害してはいけない。だれもこれに反対はできない。しかしこれは一億総白痴化ということに対する警告だと思いますが、あの一億白痴化、ああいう放送というものは、あれは善悪ではない。ただ人の感情、それから情操なんというものを無視してしまって、ただばかばかしいということで人を喜ばしておるということでございまして、善悪というような重いものではない。ここに善良な風俗ということがありますが、私はこの言葉自体はあながち無理ではないと思いますが、しかし一体芸術といいますと非常に幅が広いのですが、文学というものは、まずでき合いの善良な風俗というようなものを認めてかかったのでは文学は成り立ちません。その風俗が形式化してしまって、人間性の自由な発露というものを押え、またいわゆる善良な風俗をなすところの基本になる道徳というものが、ただ表面上は美しい衣をまとっても、虚偽の道徳化してしまって、やはり人間性の自然というものを押えるのに対して抵抗するのが文学であります。ですからいかなる文学でも、一種の反俗的な精神――反俗というのは俗に対抗する、俗というのは世の中の習俗になっている形式化されたもの、固定、硬化されたものに対する抵抗であります。そういう点から見まして、この善良な風俗を妨げないということは、この法を作られた精神から、総白痴化というようなものや、あまりにばかばかしいものの、あるいはごく下等なものを押えるというところにあればいいのでありますけれども、例の通りこれを実際に運営していく人が、もしも狭い考えで善良な風俗ということを解釈されれば、私ども文芸家は非常な不安を感じます。その点私は特に強調したいと思います。私どもの仲間もそれを非常に不安を抱いて、もしこの項目が撤回できるものならば、むしろ撤回した方がいいというような意見を表明しております。――その点私はもう少し申し上げたいのですが、善良ということは、今度できる番組審議会の方々がしっかりしてさえおればいいのでありますが、しかし公安ということのほかに、あらためて善良な風俗というものを入れたところに、私は将来の何か道徳的な規制、道徳的な監督という強い言葉はありませんが、その足がかりがここにあるのではないかというような不安を持っております。

その他の条項で、番組審議会の設置は私は非常にいいと思います。私もＮＨＫの番組審議会の末席に連なっているのですが、これも番組審議会がよく運営されるためには、一方に偏した人間でなく、やはり社会の各方面のいろいろな変った意見の方が、番組審議会の委員になって討論して、ほんとうにいい番組を作るということでなければならぬと思います。そうしますと、東京のような大都会はいいのですが、地方の一般事業者のところでは、一方に偏するような事情に置かれるのではないかと思います。その点私非常に心配しております。もしもここに非常に古い考えの道徳を抱いている人があったとして、それが偶然二人も三人も番組審議会の委員になると、多少の無理があっても新しい感じを出し、新しいセンスを出し、今まで押えられておった人間の官能、感覚、感情、思想の解放に役立つようなものを、最初の小さい芽のうちに刈り取ってしまうという不安が十分にあります。その点で私は番組審議会はいいが、その人事の運用は非常に大切なことであって、しかもＮＨＫのようなああいうところはいいが、民放の地方の方々はその点の御注意を促したいし、またこの法案を審議される代議士諸君にもそういう点を考えていただきたいと思います。

それから私は一々条項については申し上げませんが、さっきの教育番組、報道番組、娯楽番組の調整ということも、実際私はよくわかりません。私は調整ということはいろいろな方面から、時間的にも、また内容からいってもいろいろあると思うのですが、そういうことはこの法律が詳しくこまかく規定するわけにいきませんが、私どもわからなくても仕方ないと思っておりますが、こういうことでＮＨＫのような放送と、一般の民間のスポンサーによって成り立っている放送とを、同じにしていくというようなことがあってはいけないのではないかと思います。その点もこの法案を審議される方がもう少し考えてもらって、修正とまでいかなくても、私どもが一見してすぐわかるようなことにしてもらうと非常にありがたいと思います。

私の意見はそれだけですが、最後に結論を申しますと、私どもは今度放送法案が出るというときに最初考えたのは、この前の村上大臣のときの草案のようなものを知っておりますから、もっと政府の監督権が強まるような、私どももっと一そう反対しなければならぬような法案が出るかと思いましたが、これが出ましたらそうでもなかったという安心がありますが、しかし私どもも最初にも申し上げました通りに、従来の経験から、この運用については十分な信頼を持っていけない、そういう意味でこの法案が、参考人の方々また私どもが言ったことを参考にされて、もっと明るい、そして私自身から言えば、善良な風俗というような点を改めてもらって修正をされれば、私はこの法案に賛成してもいいと思いますが、このままではどうも私は、いろいろそういう不安の穴がありまして、賛成しがたいものであります。これだけです。
(「一九五八年四月三日第二十八回国会衆議院逓信委員会議録」、「国会会議録検索システム」〔https://kokkai.ndl.go.jp/minutes/api/v1/detailPDF/img/102804816X02219580403〕)

サンフランシスコ講和条約によって独立がなった一九五二年、吉田茂内閣の行政機構改革によって電波監理委員会(放送行政の政治的中立性の維持の必要とGHQによる日本官僚機構の民主化政策とが相まって設立された独立行政委員会。アメリカの連邦通信委員会〔FCC〕にならい、放送行政を担っていた)が廃止され、その行政事務は郵政省電波監理局に移管されました。以後、放送法の改正が検討されるようになります。

一九五九年に改正されたのは、それまでの改正案に見られた法的規制強化の動きが除かれたためと、テレビ時代への対応が求められたためでした。「一億総白痴化」批判の世論もあって、「及び善良な風俗」が加えられました。

青野が訴えたように「及び善良な風俗」は撤回されませんでした。ただし、撤回されずに追加されたのは、「番組準則」は法的制裁を伴う規範性を認めない倫理規定だと解釈されたことによると考えられます。先の研究論文でも、「占領期の放送法の制定過程を振り返るならば、準則を倫理的規定と解釈するのは自然な流れ」であり、一九六四年の郵政省「放送関係法制に関する検討上の問題点とその分析」は、「法が事業者に期待するべき放送番組編集上の準則は、現実問題としては、一つの目標であって、法の実際的効果としては多分に精神的規定の域を出ないものと考える。要は、事業者の自律をまつほかはない」と記述していることを示しています。

4　日本のコミュニケーション政策の傾向

「「善良な風俗」って何？　なんでこんな表現が残ったのだろう？」という疑問から出発しましたが、調べてみて、「番組準則」にある「善良な風俗」は、戦前期から連続しているものが残ったのではなく、反「一億総白痴化」として持ち出されたもので、追加撤回を求める意見もあった、と知ることができました。

とはいえ、「及び善良な風俗」は追加された──そのコミュニケーション政策には、公序良俗に反する言論を規制したい、規制によってマスコミュニケーションを制御して反社会的・反道徳的な言論を排除したいと考える、戦前期と通底する心性・傾向があるように思われます。

青野が訴えたように、「善良な風俗を害してはいけない。だれもこれに反対はできない」し、「この言葉自体はあながち無理ではない」けれど、「人間性の自由な発露というもの」が抑圧されるようなことがあってはなりません。

最近、インターネット上での誹謗・中傷をめぐる対策が本格化しています。事業者はネット掲示板の不適切な書き込みを発見・削除する仕組みを導入、政府は悪意がある投稿を抑止するための制度改正を急いでいます。「誹謗・中傷はよくない」という意見には、誰も反対しないでしょう。対策は求められています。ですが、制度改正で「善良な風俗」のような「極めて曖昧かつ広範な文言」が持ち込まれては、「表現の自由」を侵す危険をはらむことになります。みなさんの生活に関わることですから、制度改正が審議されるなかで気になる「文言」が出てきたならば、調べてみることにしましょう。

主要参考文献［以下、五十音順に並べている。］

NHK放送文化研究所編『テレビ視聴の50年』日本放送出版協会、二〇〇三年
榎原猛編『世界のマス・メディア法』嵯峨野書院、一九九六年
喜多あおい『勝てる「資料」をスピーディーに作るたった1つの原則』（マイナビ新書）、マイナビ、二〇一五年
喜多あおい『必要な情報を手に入れるプロのコツ』（祥伝社黄金文庫）、祥伝社、二〇一八年
齋藤孝／安住紳一郎『話すチカラ』ダイヤモンド社、二〇二〇年
佐藤卓己『テレビ的教養――一億総博知化への系譜』（日本の〈現代〉）、NTT出版、二〇〇八年
清水英夫『テレビと権力』三省堂、一九九五年
白石信子／井田美恵子「浸透した『現代的なテレビの見方』――平成14年10月「テレビ50年調査」から」、NHK放送文化研究所編「放送研究と調査」第五十三巻第五号、NHK出版、二〇〇三年
髙城千昭『「世界遺産」20年の旅』河出書房新社、二〇一六年
ニクラス・ルーマン『マスメディアのリアリティ』林香里訳、木鐸社、二〇〇五年
西垣通『生命と機械をつなぐ知――基礎情報学入門』高陵社書店、二〇一二年
林香里『メディア不信――何が問われているのか』（岩波新書）、岩波書店、二〇一七年
放送法制立法過程研究会編『資料・占領下の放送立法』東京大学出版会、一九八〇年
三矢惠子「誕生から60年を経たテレビ視聴」、NHK放送文化研究所編「NHK放送文化研究所年報2014」NHK出版、二〇一四年
村上勝彦『政治介入されるテレビ――武器としての放送法』（青弓社ライブラリー）、青弓社、二〇一九年
村上聖一「検証 放送法「番組準則」の形成過程――理念か規制か、交錯するGHQと日本側の思惑」、NHK放送文化研究所編「放送研究と調査」第五十八巻第四号、NHK出版、二〇〇八年

おわりに

二〇一九年十二月十日、私は立教大学の是永論先生の講義で、ゲストスピーカーを務めました。リサーチャーという仕事と拙著『オカルト番組はなぜ消えたのか――超能力からスピリチュアルまでのメディア分析』（青弓社、二〇一九年）について話してほしいとの依頼だったので、〇〇年代生まれの学生を前にすることを意識して準備したつもりでしたが、テレビというメディアについて、もっと丁寧に説明すればよかったと猛省した次第でした。その後、是永先生が受講した学生全員のリアクションペーパーを送ってくださったので、年末に熟読。あらためて、二十歳前後にとってのテレビというメディアは、かつて人々に共有された（と見なされている）テレビ（観）とは違うと実感して、考えさせられました。

そして迎えた二〇二〇年一月一日（元日）、青弓社の矢野未知生さんからの年賀状に「お仕事のことを本にまとめませんか？」の一文――なんというタイミング――十二月十日以前であったなら、確実にお断りしていたと思います。私よりベテランは多数いますし、「なるには本」ならリサーチ会社などで指導的立場にあるような人のほうが適任だろうと――。

すごいタイミングと思う出来事は、一月三十一日にもありました。午前中に青弓社を訪問、企画概要を確認して、執筆を引き受けました。午後、国立国会図書館での仕事を終えたところで、髙村敬一さんにばったり会って立ち話――で、髙村さんが成田慈子さんに電話してくださって、インタビューの約束ができたのでした。

本書は二月から三月に取材、四月から原稿を書き始めましたが、この間、世界が、そして日本も、新型コロナウイルスへの対応で非常事態でした。六月末まで、仕事はすべて自宅でおこなうことになりましたが、私の場合、海外ロケができなくなって依頼が減った以外に、大きな支障はありませんでした。担当番組が多いリサーチャーはどう対応していたのだろうと思い、インタビューに応じてくださった菅將仁さん、成田慈子さん、髙村敬一さん、喜多あおいさんに、コロナ禍で変化したこと、気づいたこと、感じたことなど、メールでうかがいました。

菅　新聞・雑誌や論文は有料データベース、著作権が切れた書籍については国立国会図書館デジタルを活用して、「思ったよりリサーチ作業はできる」と思っていましたが、久しぶりに図書館へ行くと、一覧で資料が見られて、やはりネットの作業とは違うと感じました。単位時間あたり、視野に入ってくる情報量は、パソコンの窓を通して得られるものと質的に違うとあらためて感じました。もちろん、ネットの使い方によって、それもカバーできる方法があるかもしれませんし、仕事によっては、それだけで事足りるものもあるでしょうが。ウィズコロナの

時代、リサーチの方法も、新たな模索が必要なのでしょうね。

成田　リモート会議中心になっています。顔つき合わせて深夜まで激論して、という環境はなくなってきていましたが、今後はさらに拍車がかかりそうです。確かに、リモート会議でもなんとかなるのですが、それがあったか！というような意外なアイデアとかひっくり返しが減って、ありきたりになっていくなあという気がします。「番組がやせていくのでは」と表現したディレクターもいました。

一方で、海外の撮影をリモートでディレクションできるシステムを構築しつつあるコーディネーター会社もあって、新たなロケスタイルが生まれる可能性を感じます。

髙村　オリンピック関係の仕事が中止になるなど、ある程度は影響を受けました。なお、仕事に関しては、「日経テレコン」「Web OYA-bunko」など有料データベースを活用して、まあまあ対応できたと思います。図書館などに行けず、書籍の購入量が増えました。国立国会図書館を利用できないことが、不便で困りました。図書館で、複数の資料を比較しながら調べられることのありがたさをあらためて感じました。

▼びわ湖リングに感じた素材そのものの強さ

オペラをはじめ、数々のジャンルの動画配信がおこなわれていました。これをきっかけに、見たことがなかったジャンルを知ることができました。なかでも、びわ湖ホールの『神々の黄昏』は印象深いものがありました。字幕もつけず、オペラ作品をただ流すというものでしたが、わからなくても引き付けられるものはありました。素材そのものの強さということを感じました。座談会でも話したことですが、「わからなくてもおもしろい」ということの大事さ、素材そのものの面白さを生かす仕事とは何かということをあらためて考えさせられました。

喜多　変化したこと：「COVID-19」を取り巻く情報があまりに錯綜し、専門家の見解も分かれたことから、「視聴者」のなかに「情報を鵜呑みにしてはいけない」という意識が強く芽生え、「ニュースソース」で判断したり、「情報を比較精査する」という習慣が、みるみる定着したように感じました。

気づいたこと：「巣ごもり」期間、驚いたことに、仕事への支障は、ほぼありませんでした。ブレストも調査も、居ながらにして遂行できる情報インフラが整備されていることを実感しました。その一方で、この期間は、昨年、遠方に取材に出かけ、人と会い、気持ちの交流を経て、やっとたどり着けた情報で制作されたドキュメンタリー番組が放送されるタイミングでもありました。この「静」と「動」の調べもの、どちらも大切にしたいと、あらためて思いました。

「オンライン」「リモート」「ソーシャルディスタンス」――日常のコミュニケーションに、いや応なく急激な変化が生じました。こうした状況が、第5章に多少影響しています。テレビリサーチャーの仕事がテーマなのに、〈情報〉から説明するのは迂遠と思われたかもしれません。ですが、「基礎」となる知識は必ず何かの役に立つはず、という思いで書きました。

「新しい日常」――どうすればいいのか、何をすればいいのか、と情報収集する前に、まず、自分はどうしたいか、なぜそれをしたいと思うのか、それはしなければならないことなのかを考える。そして、それを実現するには何が必要か、考えて、調べる。そういう〈情報〉との接し方を意識するきっかけに、本書が一役買えたなら幸いと思います。


本書の取材・執筆は私自身、リサーチャーについてあらためて学ぶ機会となりました。インタビュー取材にご協力くださった『世界遺産』のみなさま、菅將仁さん、成田慈子さん、髙村敬一さん、喜多あおいさん、お忙しいなか、本当にありがとうございました。また、『世界遺産』の堤慶太プロデューサーのご尽力によって番組の写真を掲載できましたこと、心からお礼を申し上げます。

執筆の動機を与えてくださった是永先生、立教大学の学生のみなさんに感謝を申し上げます。みなさんのリアクションペーパーは、執筆中の励みにもなりました。

私は常々、この世にリサーチャーという仕事があってよかったと思っているのですが、そのリサーチャーの仕事について自分が本を書くなど、夢にも思いませんでした。書き進めながら、何度か、これまでの仕事を懐かしく思い出しました。私がリサーチャーでいられるのは、仲良くしてくださったリサーチャーのみなさま、これまでお世話になったすべての番組制作スタッフのみなさまのおかげと深く感謝いたします。

青弓社の矢野未知生さんには、大変お世話になりました。年賀状から半年、サポートのおかげでなんとか書き上げることができました。ありがとうございました。

二〇二〇年七月

高橋直子

［著者略歴］
高橋直子（たかはし・なおこ）
1972年、秋田県生まれ
國學院大學大学院文学研究科博士課程後期修了。博士（宗教学）
明治学院大学国際学部付属研究所研究員、テレビ番組制作リサーチャー
専攻は宗教学
著書に『オカルト番組はなぜ消えたのか――超能力からスピリチュアルまでのメディア分析』（青弓社）、共著に『媒介物の宗教史』（リトン）、『神道はどこへいくか』（ぺりかん社）など

テレビリサーチャーという仕事（しごと）

発行――2020年9月29日　第1刷
定価――1600円＋税
著者――高橋直子
発行者――矢野恵二
発行所――株式会社青弓社
〒162-0801 東京都新宿区山吹町337
電話 03-3268-0381（代）
http://www.seikyusha.co.jp
印刷所――三松堂
製本所――三松堂

ISBN978-4-7872-3475-9　C0036

高橋直子

オカルト番組はなぜ消えたのか

超能力からスピリチュアルまでのメディア分析

1970年代以降に「謎」や「ロマン」を打ち出してエンターテインメントとして隆盛を極め、2000年代に「感動」の物語に回収されて真偽が問われ、終焉へと至った歴史をたどる。　定価2800円＋税

尾川直子

アナウンサーという仕事

採用試験講師のアナウンサーがエントリーシートの書き方から面接対策までを紹介する。現役の声や放送局関係者のインタビューから、なかなか知るチャンスがない現場のリアルを描く。定価1600円＋税

落合真司

90分でわかるアニメ・声優業界

世界中が日本のアニメに熱狂するのはなぜか。声優ブームとマルチタレント化の関係、アニソンが音楽特区になった理由――アニメ愛を込めてメディア視点で業界を語り尽くす。　定価1600円＋税

飯田 豊

テレビが見世物だったころ

初期テレビジョンの考古学

戦前の日本で、多様なアクターがテレビジョンに魅了され、社会的な承認を得ようと技術革新を目指していた事実を照らし出し、忘却されたテレビジョンの近代を跡づける技術社会史。定価2400円＋税